AF548172

Hasen

Ein Portrait
von
Wilhelm Bode

NATURKUNDEN

Für Hertantio, dessen große Empathie
für Tiere mich motiviert hat.

NATURKUNDEN № 89

herausgegeben von Judith Schalansky
bei Matthes & Seitz Berlin

Inhalt

Kuschelhase

Häschen in der Grube
saß da und schlief.
Armes Häschen, bist Du krank,
daß du nicht mehr hüpfen kannst?
Häschen, hüpf, Häschen, hüpf!

Dieser Kinderreim ist meine erste Erinnerung, die ich mit einem Hasen in Verbindung bringe: Im Frühjahr 1951 hocke ich als Dreijähriger in der Kreismitte meiner Kindergartengruppe und höre den vielstimmigen Chor und die helle, klare Stimme von Schwester Habrilla, der Oberin des Sunderner Schwesternhauses, den Reim zur Melodie von *Alle meine Entchen* singen, als sei es gestern gewesen. Ich konnte nicht genug von dem Ringelreigen bekommen und wollte immer wieder das Häschen in der Mitte sein. Denke ich zurück, fühle ich mich in eine heile Welt versetzt, obwohl der Zweite Weltkrieg und die Not der Nachkriegszeit sehr präsent waren. Aber für mich, »ein extrem zartes Jüngelchen«, wie meine Mutter später betonte, war das Leben eben so. Ich empfinde heute die Zeit als die einer bacchantisch feiernden Gesellschaft, die die Erinnerung der schlimmen Ereignisse der NS-Diktatur und des Krieges bei jeder Gelegenheit im Alkohol zu ertränken suchte – woran meine Familie allerdings prächtig verdiente.

Das Schwesternhaus der Franziskanerinnen war in meiner

kleinen Welt ein Hort der Ruhe und der Menschlichkeit. Für mich und meine beiden etwas älteren Schwestern aus einer eher gut situierten Landwirts- und Kaufmannsfamilie war es gelebter Bestandteil unseres streng katholischen Familienlebens. Insbesondere Schwester Habrilla war unserer Familie besonders eng verbunden, pflegte sie doch fürsorglich meine bettlägerige Oma väterlicherseits bis zu deren Tod 1952. Meine Mutter war vom Geschäftshaushalt überlastet. Selten fand sie Ruhe und sehnte sich darum nach familiärer Beständigkeit. Das galt weniger für uns Kinder, die ein Zuhause gewohnt waren, in dem es abwechslungsreich zuging wie in einem Taubenschlag. Mein Vater genoss seine sehr verschiedenen beruflichen Tätigkeiten, nämlich die Führung des im Ort zentral gelegenen Gasthofs, mit seinen Gesellschaftsräumen unter unserem Kino, den ›Röhrtal-Lichtspielen‹, außerdem die des Bier- und Getränkeverlags mit eigener Kühleis-Herstellung, einer Aral-Tankstelle vor dem Haus und einer allerdings schon bald aufgegebenen Nebenerwerbslandwirtschaft. Mein Zuhause war der Mittelpunkt des gesellschaftlichen Vergnügens in meinem Heimatort. Es war ein Zuhause, in dem schon mein Vater aufgewachsen war und um das mich meine Freunde beneideten, zumal er der Jagd frönte, wie sonst keiner der Väter. Er konnte es sich schon seit meinem Geburtsjahr 1947 dank der Fürsprache des britischen Ortskommandanten leisten, ein kommunales Pachtrevier nahe Medebach im Hochsauerland bis kurz vor seinem Tod in den 90er Jahren zu bejagen.

Ich hatte ein besonders intensives Verhältnis zu meiner früh verstorbenen Großmutter Maria. Sie verkörperte trotz ihrer schweren Erkrankung Haltung, Respekt und Liebenswürdigkeit für mich. Ich genoss es, wenn sie im Ohrensessel stets schwarz gekleidet, ihr silbergraues Haar unter einem Netz perfekt frisiert und mit goldener Agraffe vor der Brust ehrerbietend ihren Besuch zu Gebäck und Tee empfing. Dann lauschte ich den Gesprächen wie ein Häschen in der Furche: mucksmäuschenstill. Rückblickend war ich wohl ihr verwöhntes Häschen im Korb. Vermutlich hatte Schwester Habrilla ihr erzählt, wie gern ich das Häschen im Ringelreigen war, denn eines Tages überraschte sie mich mit der Geschichte von Felix Salten *15 Hasen – Schicksale in Wald und Feld*. Ich war begeistert und konnte es kaum erwarten, nach dem Kindergarten an ihr Krankenbett zu stürmen, um die Fortsetzung der so traurigen wie fröhlichen Geschichte von ihr zu hören und miterleben zu dürfen.

Der österreichische Schriftsteller Felix Salten (1869–1945) ist den Lesern vermutlich durch seine berühmte und später von Walt Disney verfilmte Bambi-Geschichte bekannt. In *15 Hasen* (1929) greift er, wie schon in *Bambi* sechs Jahre zuvor, auf das Stilmittel des Anthropomorphismus zurück und erzählt die Geschichte mit hinreißender Einfühlsamkeit. Im Mittelpunkt stehen Hops und Plana, zwei Junghasen, die sich ineinander verlieben und zunächst als unerfahrene, gutgläubige Kinder in die Welt der Hasen und ihrer Feinde eintauchen. Saltens Hasengesellschaft wird vor allem von den jungen, heranwachsenden Hasen geprägt, so wie es tatsächlich auch in der Natur ist. Denn Althasen – bei ihm sind das die Mutter von Hops und der alte, mit allen Wassern gewaschene Fosco, den man heute wohl ihren Lebensabschnittsbegleiter nennt – bilden in unserer ganzflächig bejagten Kulturlandschaft die Ausnahme.

Eine der vielen Ausgaben der Fünfzehn Hasen *von Felix Salten, hier aus den 40er Jahren , zeigt den sich schläfrig duckenden und den neugierigen, im Kegel auf seinen Hinterläufen sitzenden Hasen.*

Heranwachsende Hasen sammeln, auf sich selbst gestellt, ihre Lebenserfahrung ohne elterliche Anleitung, denn obwohl sie Säugetiere sind, sind sie extreme Nestflüchter, sogenannte Laufjunge. Auch bei Salten müssen sie früh lernen, dass die Welt weder gut noch böse ist, sondern immer das, was man für sich daraus zu machen versteht. Die Geschichte beschreibt das Hasenleben mit all seinen Höhen und Tiefen und weist den Schriftsteller als wildbiologischen Beobachter aus, der sich in die Lebenssituation eines Junghasen hineinzuversetzen versteht. Dass Hasen so gut wie gar nicht durch Laute miteinander kommunizieren, stört den Leser nicht, denn das ist bei Salten dem anthropomorphen Stil geschuldet und kindgerecht, ohne kitschig zu sein. Im Gegenteil, man wird mitfühlender Zuhörer der Hasengespräche und das umso mehr als Tagträumer, der ich war.

Ich genoss es, im Kindergarten in der Mitte des Kreises zu hocken, und Schwester Habrilla musste mich mitunter anstoßen, damit ich endlich ein Kind meiner Wahl anhüpfe, denn alle anderen wollten ja auch mal das Häschen in der Mitte sein. Das Kind meiner Wahl war immer dasselbe, meine heimliche Liebe, die ähnlich zart und schmächtig war wie ich selbst, der nicht einmal Fußball spielen wollte. Was also lag näher, als in ihr Plana zu erkennen, in die ich mich als treusorgender Hops verliebt hatte? Salten beschreibt ihn als Säugling zum Ende der Säugezeit der Feldhasen, in einem Alter von nur vier Wochen:

Er war so klein wie ein Klümpchen Erde des Waldbodens. Er glich einem Flöckchen Wolle, doch er schien fast noch zarter als der zarteste Flaum, schier hauchartig. Er sah ganz nebelgrau aus;

sein Fell hatte jenes feine Farbengemenge, das man Pfeffer und Salz nennt. Auf seiner Stirne stand der weiße Stern, das Zeichen seiner Kindheit.

Die Zeichen meiner Kindheit trug ich genauso gerne wie Hops, wo immer ich nur konnte, wenn auch nicht auf der Stirn, sondern durch mein lange Zeit später noch auffallend verspieltes Verhalten. Die Widersprüchlichkeit meiner Lebenswelt verdichtete sich in meinem kindlichen Wunsch, wie mein Vater ein wilder Jäger zu werden. Natürlich realisierte ich den inneren Widerspruch nicht, sowohl das Häschen im Ringelreigen wie gleichzeitig der Beute machende Jäger sein zu können. Das Kostüm zu meinem ersten Kinderkarneval 1951 stand darum fest: Ich wollte Jäger sein! Auch wenn meine Mutter, die meinem Drängen schließlich nachgab, sich weigerte, mir ein Spielzeuggewehr zu kaufen. Sie fand meine Begeisterung für die Jagdleidenschaft des Vaters ohnehin verfrüht. Das Foto im Garten des Schwesternhauses zeigt meine Wut über die von mir als albern empfundene Umsetzung meines Kostümwunsches ohne Gewehr, aber mit Tröte statt einem Jagdhorn. Also mehr wie ein Straßenräuber aussehend, als der ich nicht aufs Foto gebannt werden wollte.

Wegen ihrer Arbeitsbelastung stellte meine Mutter schließlich ein Kindermädchen ein, das wir Kinder ›Tante Elschen‹ nannten. Ich erinnere mich ihrer mit gemischten Gefühlen, denn nach der von mir immer besonders gefürchteten, sonnabendlichen und drakonischen Reinigungsparade mit Wannenbad, Nägel- und Haare-Schneiden sowie Zähne- und Ohren-Reinigen las sie mir am Bett noch eine Geschichte aus

Der Autor als Vierjähriger (mit seinen Schwestern links und rechts) in seinem Wunschkostüm als ›wilder Jäger‹ zum Kinderkarneval 1951; grimmig, weil er sich doch eher als Räuber verkleidet fand.

den Grimm'schen Märchen vor, darunter *Der Hase und der Igel.* Die Geschichte gehört zu den bekanntesten überhaupt. Sie ist, wie ich heute weiß, eine gesellschaftskritische ›Anekdote‹ mit überaus konfliktreichem, politischem Hintergrund. Der ursprünglich plattdeutsche Schwank *Dat Wettlopen twischen den Hasen un den Swinegel up de lütje Heide bi Buxtehude* aus dem *Hannoverschen Volksblatt* (1840) taucht erst ab der 5. Auflage der *Kinder- und Hausmärchen* der Gebrüder Grimm als *Der Wettlauf zwischen dem Hasen und dem Igel* auf. Ihr Inhalt lässt sich in drei Sätzen zusammenfassen: Ein bauernschlauer Igel, ein sogenannter Schweineigel, trifft den vornehmen Hasen und verabredet mit ihm einen Wettlauf, den er mithilfe seiner bäuerlichen und ebenso hinterlistigen Frau gewinnt, indem sie jeweils abwechselnd am Ende und am Ziel des Wettlaufens dem Hasen zurufen: »Ich bin schon da!«. Bis dieser schließlich, hin und her laufend, erschöpft und blutend, tot zusammenbricht – wenn er auch der Ehrliche und Schnellere war. Keine harmlose Kost, denn der Betrogene und Ehrliche zahlt darin mit seinem Leben, während die bauernschlauen Täter zufrieden, vergnügt und Liedchen trällernd mit ihrer unrechtmäßig erworbenen Beute, einer Flasche Schnaps und einem Golddukaten, nach Hause ziehen. Meine Ablehnung der Igel wie mein Mitleid für den Hasen fanden bei Tante Elschen allerdings keinerlei Verständnis. Als Fünfjähriger hätte ich darum auf der ersten und bislang letzten Kinderpressekonferenz des Bundeskanzleramtes im September 2017 sicher heftig widersprochen, als Frau Merkel, von einem kleinen Jungen befragt, was ihre Lieblingstiere seien, ausgerechnet beide, Hase und Igel, nannte, weil ihr als Norddeutsche vermutlich keine andere Tiergeschichte in den Sinn kam. Was für ein Widerspruch, wenn man wie jedes Kind das Herz an der richtigen Stelle hat und die Fabel kennt, sich aber als kinderlose Politikerin die Frage wohl nie zuvor stellen musste. Diese Inszenierung einer Kinderpressekonferenz war Teil ihres Vorwahlkampfes, wohl um sich für die Eltern unter den Wählern ein kinderfreundliches Gesicht zu geben. Das misslang ihr in meinen Augen gründlich. Denn hat man ein Herz für Tiere, kann man angesichts der berühmten Fabel aus Kindersicht nicht Hase und Igel gleichzeitig nennen, ohne dem Hasen Unrecht zu tun und die Unmoral zu ignorieren.

Mir, der in der Gefühlswelt des Häschens lebte, fiel es nicht schwer, mich in den unrechtmäßig zu Tode gekommenen Hasen zu versetzen. Was hatte der Hase schon Schlimmes verbrochen, außer ein wenig hochnäsig daherzukommen? Laufen konnte er schneller als jeder Igel, und noch dazu war er im Gegensatz zum Swinegel ehrlich und ambitioniert, was von mir als Kind doch auch gefordert wurde.

Dass der Hase hier eine solch ungerechte Behandlung erfährt, steht im Widerspruch zu seiner außerordentlichen Beliebtheit als Kuschelhase aus Stoff in unzähligen Kinderzimmern – was von der Literaturkritik bei der Deutung des Grimm'schen Märchens so wenig wahrgenommen wird wie dessen historischer Hintergrund. Die irritierende Häme gegenüber dem Hasen wird im Märchen hingenommen, obwohl er sonst der sympathische Hauptakteur vieler Kinderbücher ist und als *Hase Cäsar* die Hauptrolle einer in den Sechzigerjahren besonders beliebten Fernsehserie spielte. Man wird von der Vielzahl meist kitschiger Hasen-Bilderbücher regelrecht erschlagen. Naturkundliche oder gar wildbiologische Titel sind dagegen eher rar. Und auch die Fabel vom Wettlauf auf der Buxtehuder Heide verrät uns mehr über die Sozialkonflikte zur Zeit ihrer Entstehung, aber nichts über den Igel oder den Hasen als wildlebende Tiere.

Bei den lebendigen Kuschelhasen unserer Kinder handelt es sich allerdings nicht um Feldhasen, sondern um Hauskaninchen. Das hat Gründe, die schon Salten jedem Leser bewusst macht. Eines der unerfahrenen Halbgeschwister von Hops mit Namen Epi meint eines Tages, wenn es sich nur genügend in die Furche drückt, kann ihn das Menschenkind nicht sehen. Welch ein Irrtum! Es wird an seinen langen Löffeln ergriffen und mit

In der populären Volksnaturgeschichte *ist der Feldhase im Verhältnis zum Schneehasen zu klein und das Kaninchen zum Feldhasen deutlich zu groß geraten.*

nach Hause genommen. Salten versetzt sich in die kleine gequälte Natur des in der Menschenwelt gefangenen und sprichwörtlich von ihr zu Tode liebkosten Häschens. Nachdem Epi, seines Lebens müde, das Fressen verweigert, findet Salten für sein trauriges Ende zeitlos anrührende Worte, als Tochter und Mutter sich um ihn zu sorgen beginnen:

> *Sie kam und streichelte Epi und sagte: ›Was ist denn mit dir?‹ Eine Weile lang liebkosten ihn beide, und beide wiederholten immer aufs neue: ›Was ist denn mit dir?‹ Ewige Menschenfrage an die stumme Kreatur. Viel Zärtlichkeit ganz ohne Verstehen. Ewige Menschenfrage, die von der begangenen Misshandlung nichts ahnt, nichts wissen will, und die sich merkwürdiger Weise selbst genügt, da sie ewig unbeantwortet bleibt.*

Epi wird sprichwörtlich zu Tode geliebt. Echte Hasen sind nichts für die Käfig- oder gar die Wohnzimmerhaltung. Sie sterben recht bald einen stillen Tod, weshalb sie niemand gutwillig vom Spaziergang mit nach Hause nehmen sollte. Sie aufzupäppeln setzt eine spezielle, ja professionelle Erfahrung voraus. Das Häschen dort zu lassen, wo man es findet, möglichst im hohen Gras abseits des Weges, sichert am ehesten sein zartes Leben. Und dieses kreatürliche Leben entspricht, wie wir heute wissen, voll und ganz auch unserem eigenen, ist also vergleichbar mit dem jedes höheren Lebewesens, ob Maus, Hase, Huhn, Mastschwein oder Mensch. Denn von Geburt an ist jede Kreatur mit einer unverwechselbaren Individualität ausgestattet und zugleich gefangen in ihrer eigenen Welt, ewig unverstanden von den Individuen aller anderen Spezies. Seien wir ehrlich mit uns selbst: Nur wir Menschen wären kraft unseres Intellekts überhaupt befähigt, uns in die Kreatürlichkeit einer anderen Spezies hineinzuversetzen, wenn wir uns kognitiv ernsthaft darum bemühten. Was uns meistens weder gelingt noch interessiert.

Sich das klar zu machen, rührt im Fall von Epis Ende zu Tränen. Als Epi abends entkräftet in seiner Kiste lag, sang der Zeisig in seinem Käfig.

> *In seinem Gesang erstand der Wald mit all seinem wilden Zauber; inbrünstiges Drängen nach Freiheit war in diesem Gesang, leidenschaftliches Sehnen nach Baumwipfeln, nach Sonne, nach grünem Schatten.*
> *Epi lag, vom bittersüßen Rausch umfangen. Er begann das geliebte Dickicht zu sehen, er glaubte sich bei Plana und Hops. Viele Hasen liefen herbei, um ihn zu begrüßen. Das Spielen und Häschenfangen hob wieder an, auf der Wiese seiner Kindheit. Epi schnellte die Löffel hoch, er sprang toller als alle andern.*
> *In Wahrheit zuckte er nur schwach. Und während der Zeisig sang, fiel Epi zur Seite, streckte sich und rührte sich nimmermehr.*

Ja, auch das lehrt uns Salten: Tiere können träumen wie wir. Was jeder Hunde- oder Katzenliebhaber bestätigen wird, der seine anvertrauten Lieblinge im Schlaf aufmerksam beobachtet. Wovon träumen sie? Von der schönen Welt, ihrer von Menschen dominierten Lebenswelt oder der Natur? Oder von den Artgenossen und Erlebnissen ihres tierischen Daseins, das sie in der umsichtigen Obhut oder der unbedachten Gewalt oder sogar todbringender Liebe von uns Menschen verbringen müssen?

Und auch der sogenannte ›Stallhase‹, das als lebendes Kuscheltier beliebte Kaninchen, gehört deswegen nicht ins Haus, sondern in ein ausreichend großes Freilaufgehege mit Versteck und Aktivitätsplatz sowie in die Gesellschaft eines Beschäftigungskameraden. Kaninchen sind gesellige Tiere und gehen wie ein von seinem Herrchen verlassener Hund jämmerlich ein, wenn sie, werden sie auch noch so viel liebkost, für sich allein leben müssen. Der Mensch als Spielkamerad kann dem Tier den Artgenossen auch bei größter Zuneigung nicht ersetzen. Ganz zu schweigen davon, dass auch Kaninchen eine ausgewogene, artgerechte Ernährung und Haltung brauchen. Kaninchen können wie auch Hasen von einer Vielzahl meist tödlicher Infektionen befallen werden, und das besonders in der Gefangenenhaltung, weil es dem Halter meist schwerfällt, den komplizierten Stoffwechsel der Tiere durch frische, vielfältige Grünnahrung im physischen Optimum zu halten. Darum sollte sich jeder prüfen, ob er die Voraussetzungen für ein Stallhäschen erfüllen kann. Meistens dürfte auch eine kleine Katze oder ein Hund, die keine so hohen Ansprüche an eine artgerechte Haltung stellen, Kindern die pädagogisch wichtige Tiererfahrung vermitteln. Denn für Kinder ist sicher nichts schlimmer als der Tod ihres geliebten Spielkameraden.

Auf dieser Postkarte, wohl zu Ende der 40er Jahre, grüßt der Absender zu Ostern mit dem Osterhasen als Glücks- und Frühlingsbote, stilgerecht zur Nachkriegszeit mit Rucksack, Bollerwagen und Militärmantel.

Osterhase

Des Nachts im Traum auf grünem Rasen
beschenken Paul die Osterhasen.

Zwei Eier legen sie gewandt
ihm auf den Arm und unter die Hand.

Am Himmel steht der Mond und denkt:
Ich werde nicht so schön beschenkt.

Der Limerick von Christian Morgenstern (1871–1914), einer der bekanntesten komischen Lyriker deutscher Sprache, ist in doppelter Hinsicht ironisch. Nicht nur macht der Autor sich lustig über die Existenz des eierlegenden Osterhasen, sondern er bezieht zugleich den Mond als Düpierten mit ein, der mythologisch mit dem Hasen in Verbindung gebracht wird. Er treibt damit die Kernfrage des Osterbrauchs auf die Spitze: Wer hat sich diese irrationale Groteske einfallen lassen? Ausgerechnet ein Hase soll allösterlich die Eier legen, sie mühevoll bemalen und dann für die Kinder verstecken?

Ein Ausflug in seine reiche Kulturgeschichte hilft uns nicht, die Frage nach dem Ursprung dieses Irrsinns schlüssig zu beantworten. Darstellungen von Hasen finden sich nicht nur in Europa als Felszeichnungen in der Alt- und Jungsteinzeit, sondern nahezu weltweit in den frühen Hochkulturen des Vorderen Orients, in Ägypten oder verschiedenen afrikanischen Überlieferungen, in der Mythologie Nordamerikas wie vor allem in griechischer und römischer Zeit, in der chinesischen Astrologie, in der frühen Astronomie, im Judentum und Christentum und verstärkt im Europa des Mittelalters und der Frühen Neuzeit. Es verwundert dabei nicht, dass sich keine einheitliche kulturhistorische Symbolik ausmachen lässt. Hasen leben auf der ganzen Welt, werden überall als Jagdbeute und Fleischlieferant geschätzt und regen die menschliche Fantasie für bildnerische Darstellungen an. Wie viele andere Tiere wurde der Hase sogar im Sternbild der ›Großen Jagd‹ als ein Element des Firmaments gedeutet.

Jede Darstellung eines Tieres ist mehr als nur sein möglichst naturgetreues Abbild, sie birgt immer die Intuition des Künstlers oder der Künstlerin und zeigt, wie diese das Tier sehen und mit welchen charakteristischen Eigenschaften sie es belegen. Eine exakte Naturbeobachtung bildet darum häufig nur die Basis für die bildnerische oder beschreibende Darstellung. Sie spiegelt nicht selten auch die Kultur, aus der sie stammt, wider. In der deutschen Literatur lässt sich der Hase indessen nicht eindeutig interpretieren.

Anfangs war der Hase im Osterbrauchtum der Pfalz, Oberdeutschlands und des Elsass nicht der einzige Eierlieferant. Je nach Region konnten es der Fuchs, der Hahn, der Kuckuck oder sogar der Storch sein, der nach deutscher Überlieferung des 19. Jahrhunderts ja sogar die Kinder brachte. Dieser Volksbrauch taucht, ähnlich dem Weihnachtsbaum, wie ein Alien erst ab dem 19. Jahrhundert in unserer Kulturgeschichte auf. Eindeutige Interpretationen, die seine Attraktivität als sich rasant ausbreitender Brauch erklären, liefert das 19. Jahrhundert jedoch nicht. Jede dichterische oder bildnerische Verwendung des Hasen ist also ein eher subjektives Zeugnis, was seiner raschen Adaption als eierlegender Osterhase allerdings nicht geschadet hat.

Insofern ist der den Mond einbeziehende Limerick Morgensterns nur eine und keineswegs die dominierende Deutung. In einigen Kulturen ist der Hase nämlich ein lunarisches Symbol, also das für Fruchtbarkeit, für Licht in der Finsternis, für die Wiedergeburt und damit die Auferstehung und das Leben. In mittelamerikanischen Kulturen steht der Hase für die Mondgötter, in nordamerikanischen wird er sogar als Schöpfer der Welt angesehen, also von Sonne *und* Mond. Anknüpfungspunkt sind die Mondflecken, die sich mit etwas Fantasie als Hasenumriss deuten lassen. Der bildlich verspielteste Mythos vom Hasen im Mond stammt aus der Beduinenkultur östlich der ägyptischen Stadt Assuan. Ihm zufolge zogen am Anfang der Welt die Schwestern Sonne und Mond noch einträchtig ihre Bahnen am Firmament. Als sie jedoch einen Hasen fingen und ihn verspeisen wollten, gerieten sie in Streit. Die Sonne warf das Hasenfell zornig ihrer Schwester Mond ins Gesicht und diese revanchierte sich mit einem Kochtopf, gefüllt mit kochendem Wasser. Als Folge dieses Streits trennten sich ihre Wege, die Sonne, rotgelb verbrüht und brennend heiß, schien nur noch tagsüber, der Mond mit dem Hasenfell im Gesicht nur noch bei Nacht. So muss es wohl gewesen sein, könnte man meinen, denn unsere Himmelsordnung scheint der Beduinensage bis auf den heutigen Tag recht zu geben.

Das letztlich dürftige Resümee einer kulturhistorischen Spurensuche trifft sich also am ehesten mit Eduard Mörikes

Hasen und herbstlicher Vollmond *von Suzuki Harunobu. Hase und Mond sind in vielen Kulturen miteinander verbunden. Ist es seine auf den ersten Blick stets verborgene Eigenkreatürlichkeit oder seine nur im Frühjahr gegebene Sichtbarkeit in unserer Kulturlandschaft?*

(1804–1875) Gedicht *Auf ein Ei geschrieben*. Er ist vermutlich nicht zufällig ein romantischer Poet der Mitte des 19. Jahrhunderts, in dem sich der Volksbrauch des Osterhasen in allen Teilen des deutschen Sprach- und Kulturraums etablierte.

Ostern ist zwar schon vorbei,
also dies kein Osterei;
doch wer sagt, es sei kein Segen,
wenn im Mai die Hasen legen?
Aus der Pfanne, aus dem Schmalz
schmeckt ein Eilein jedenfalls,
und kurzum, mich tät's gaudieren,
dir dies Ei zu präsentieren.
Und zugleich tät es mich kitzeln,
dir ein Rätsel drauf zu kritzeln.

Die Sophisten und die Pfaffen
Stritten sich mit viel Geschrei:
Was hat Gott zuerst erschaffen
wohl die Henne? Wohl das Ei?

Wäre das so schwer zu lösen?
Erstlich ward das Ei erdacht:
Doch, weil noch kein Huhn gewesen,
Schatz, so hat der Hase es gebracht.

Man sehe mir nach, wenn ich darum als Jäger und Naturschützer wie als Forstmann und Waldfreund meine Deutung aus der Beobachtung der Natur gewinne. Hasen sind vorwiegend Nachttiere und als relativ große, nämlich bis zu 6 kg schwere, Säugetiere bemerkenswert fruchtbar. Bei nur kurzer Tragzeit können sie mehrfach im Jahr Junge setzen, jedes Mal etwa zwei bis fünf und insgesamt bis zu zwölf je Häsin jährlich. Das geschieht schon ab Ende Februar, sodass man sie ab März überall sehen kann, womit der Begriff ›Märzhase‹ oder auch ›Märzgefallener‹ seine Erklärung findet. ›Märzgefallener‹ bezeichnete einen der gefallenen Kämpfer der Märzrevolution 1848 in Berlin und Wien, ein Ereignis, das rechtshistorisch tatsächlich mit dem Feldhasen zu tun hatte.

Zu Ostern im März/April beginnt das frische Grün zu sprießen, das die im späteren Jahresverlauf nachtaktiven Junghasen schon tagsüber auf die Wiesen und sich zart begrünenden Äcker treibt. Dort sind sie wegen des beginnenden Wachstums der Pflanzen gut zu sehen, Märzhasen eben. Jetzt sieht man sie, denn vor dieser Zeit springen Hasen nur ausnahmsweise dem Spaziergänger oder dem Fahrer im Scheinwerferlicht über den Weg. Im April und Mai beginnt bereits die zweite Rammelzeit auf den Wiesen und sprießenden Äckern. Es ist die Zeit, in der überall die Natur erwacht, das Vogelkonzert anhebt und davon zeugt, dass die Paarungszeit der Vögel gekommen ist. Die Zugvögel kehren zurück, bald darauf werden überall Nester gebaut und sie beginnen mit dem Brutgeschäft. Auch die Hühnerhalter können sich jetzt auf ihr Legegeschäft verlassen, denn die Hennen beginnen wieder täglich ein Ei zu legen. Gleichzeitig springen überall die ersten Farbtupfer der Frühlingsblüher ins Auge, so bunt wie die Ostereier, die schon bald der Osterhase bringt. Und sogar die überall sprießenden Märzbecher und Krokusse haben eiförmige Blütenformen. Alles ist im Aufbruch begriffen und strotzt vor Farbenfrohsinn und Fruchtbarkeit. Alle erwarten die Wärme des Frühlings und sind nach der dunklen

Winterzeit auf Vermehrung, Nestbau und Eierlegen aus. Da sich jetzt überall die Hasen zeigen, muss das ganz offenkundig mit ihnen zu tun haben, weil man sie ja sonst kaum zu Gesicht bekommt. Für Kinder ist das eine ziemlich glaubwürdige Erklärung für die naturwidrige Groteske vom eierlegenden Osterhasen zu Frühlingsbeginn. Meinen Sie nicht auch?

Dass das Osterfest, wenn auch in jedem Jahr leicht verschoben, als höchstes christliches Fest in ebendieser Zeit stattfindet, trug zum Osterhasenbrauch bei und schadete nicht. Es feiert die Befreiung der Menschheit aus ihrem irdischen Elend durch das Kreuzigungsopfer Jesu Christi und seine leuchtende Wiederauferstehung. Der Freude spendende Osterhase unterstrich also die christliche Freude über das ewige Leben am Ende der Fasten- und dunklen Winterzeit. In der Fastenzeit war früher nicht nur der Genuss von Süßigkeiten und Fleisch, sondern auch der von Eiern verpönt, die im Winter ohnehin knapp waren. Der Osterhasen-Brauch durfte also aus klerikaler Sicht widerspruchslos Einzug halten, weil er zur rechten Zeit Farbe, Licht, Genuss und Überfluss versprach.

Da man die geschlechtsreifen Hasen in dieser Zeit tagsüber auf den Wiesen rammeln sieht, schien er darüber hinaus die erwachenden Frühlingsgefühle junger Menschen zu spiegeln. Denn nicht zuletzt ist der Hase mythologisch häufig ein Symbol der Fruchtbarkeit. Er trägt im Englischen deswegen u. a. den verräterischen Namen *erotic hare*, also ›Erotikhase‹. Kirchengeschichtlich war der Hase als Symbol der Sexualität allerdings zweischneidig. Denn er diente deswegen schon seit der griechisch heidnischen Klassik als heiliges Tier der Aphrodite. Das dürfte im frühen Christentum zunächst dazu beigetragen haben, dass Papst Zacharias im Jahr 751 den Verzehr von Hasenfleisch wegen seiner vermeintlichen Wirkung auf den Geschlechtstrieb verbot – was vermutlich im Volk dazu führte, Hasenfleisch als sexuell stimulierend zu rühmen. Aber wie bei vielen anderen Moralappellen in der Kirchengeschichte Roms, alles, was mit Sex zu tun hat, zu untersagen, erlitt das Papsttum damit Schiffbruch. Der Osterhase wurde trotz allem ein vom Volk gepflegter Brauch zum christlichen Osterfest, und sein Fleisch galt lange als besonderer Leckerbissen.

Für alle Eltern unter den Lesern liegt aber eine banalere Erklärung nahe: Das mit dem Osterfest endende und im 19. und bis zur Mitte des 20. Jahrhunderts noch sehr streng gehaltene Fasten mit dem strikten Naschverbot für Kinder dürfte diese umso mehr angestachelt haben, den Volksbrauch in ihren Familien mit kindlicher Macht durchzusetzen. Es spricht also vieles dafür, dass der Osterhase, Eier und Frühlingsfreude bringend, passgenau zur richtigen Jahreszeit nicht zufällig in der Mitte des 19. Jahrhunderts auf allgemeine Akzeptanz in den damals noch kinderreichen Familien stieß. Sein Namensgeber, der Feldhase, war als Kulturfolger nämlich in den Jahrhunderten zuvor noch deutlich seltener in der Agrarlandschaft anzutreffen. Und es ist kein Zufall, dass auch die Fabel vom Wettlauf zwischen dem Hasen und dem Igel in dieser Zeit des sogenannten Vormärzes, also der Zeit zwischen der Julirevolution 1830 und der Märzrevolution 1848, entstand, in der der Hase für die Landbevölkerung an wirtschaftlicher Bedeutung gewann.

Ich kannte in meinem kleinstädtischen Sunderner Umfeld keine Familie, in der nicht der Vater unumstritten das Sagen hatte und die Mutter als mehr oder weniger strenge, aber meistens liebe Glucke treusorgend das tägliche Leben organisierte. Sie und das Kindermädchen hatten zu Ostern mit uns Kindern die gekochten Eier zu bemalen, die am Ostermorgen als einziger Osterschmuck auf den Frühstückstisch kamen. Mein Vater war zuständig für das Verstecken der Zucker- und Schokoladeneier in dem für uns Kinder riesigen Art-Déco-Kinosaal für 350 Zuschauer. Das war deshalb eine Männeraufgabe, weil es darauf ankam, das Eiersuchen als Intelligenzprüfung für uns Kinder zu gestalten. Mein Vater war so gewieft, die Eier zu verstecken, dass er sie selbst nicht wiederfand, sondern meine Mutter dann später helfen musste, sie wieder aufzufinden. Die sauerländischen Väter dieser Zeit waren erzieherisch der ›Knüppel aus dem Sack‹, mit dem die Mütter wirksam drohten. Meine Klassenkameraden beneideten mich, weil ich nicht so häufig gezüchtigt wurde wie sie selbst und ich einen materiell großzügigen Vater hatte. Die überall noch vorherrschende materielle Knappheit sahen sie als das größere Übel an, als hin und wieder eine schmerzhafte Abreibung beziehen zu müssen.

Obwohl meine Mutter darauf achtete, dass kein Buch oder Spielzeug ins Haus kam, das man als Kitsch ansehen könnte, bildete *Die Häschenschule* von Fritz Koch-Gotha mit den Versen von Albert Sixtus eine Ausnahme. Es war wohl die autoritäre Grundordnung der Häschen-Geschichte, die meine Mutter weniger strenge Maßstäbe an dieses Buch anlegen ließ. Der Text stützte die patriarchalische Familienordnung in den Augen von uns Kindern, als wie von Gott geschaffen, obwohl meine Mutter als untergeordnete und gläubige Ehefrau darunter litt.

Wohl kaum ein Kind meiner Sunderner Generation kannte *Die Häschenschule* nicht. Das Buch wurde von allen geliebt,

Das Schlussbild der Häschenschule *von Fritz Koch-Gotha zeigt nicht zufällig den Vater mit den Kindern bei Tisch und die Mutter als servile Köchin.*

die ich kannte, bestätigte es doch unser heimisches Milieu. Ich fühle mich heute intuitiv in diese vermeintlich ›heile‹ Welt zurückversetzt, wenn ich das Buch in der Hand halte. Das darin geschilderte Häschenleben ließ sich bis ins Detail auf unser Kinderleben in den 50er Jahren übertragen, obwohl es bereits aus den 20ern stammte. Es war eine kindgerechte Betonung der spießbürgerlich hierarchischen und politischen Verhältnisse der Adenauer-Zeit, die sich später in der 1968er Revolte meines Studenten-Jahrgangs entlud – berechtigterweise, weil sich seit der Kaiserzeit unter demokratischem Vorzeichen kaum etwas an der Familien- und Generationen-Soziologie verändert hatte. Will man meine Grundschulzeit in den 50er Jahren nachempfinden, braucht man nur *Die Häschenschule* zu lesen und es gibt keinen weiteren Erklärungsbedarf. Das gilt selbstverständlich auch für die widerspruchslos gelebte Rolle der dem Mann untergeordneten Mutter. Wie selbstverständlich sitzt Vater Häschen im letzten Bild die Schlussszene beherrschend am Mittagstisch und wird von seiner servilen Frau bedient. Seine selbstzufriedene Pose spricht für sich und zeigt die Familienordnung jener Zeit im gesamten Westen der damals noch geteilten Republik:

»Kinder«, spricht die Mutter Hase,
»putzt euch noch einmal die Nase
mit dem Kohlblatt-Taschentuch!
Tunkt auch eure Schwämmchen ein!
Sind denn eure Pfötchen rein?«
»Ja« – »Nun Marsch, zur Schule gehen!«
»Mütterchen auf Wiedersehen!«

Vom Nasenputzen über das Anfeuchten des Tafelschwämmchens bis hin zur Fingernagel-Kontrolle entsprach alles meiner eigenen morgendlichen Verabschiedung.

Und selbst meine Schwestern kamen ja als Schulhäschen ziemlich treffend beschrieben darin vor:

Wenn die Pause nun beginnt,
geht's zur Wiese wie der Wind.
Lustig sind die Hasenjungen,
toll wird da herumgesprungen.
Doch die Mädchen knabbern stumm
an dem Frühstückskraut herum,
und sie wandern tipp-tipp-tapp,
mit der Freundin auf und ab.

Ich selbst freute mich keineswegs auf die Schule und betrachtete sie als störende Unterbrechung meiner Tagträumereien. Eines der ersten Wörter, das wir in der Schule lernten, war mein damals noch sehr gebräuchlicher Vorname Willi, verkürzt von Wilhelm. Zumal mein Name als erstgeborener Sohn, wie in westfälischen Bauernfamilien üblich, sich auf den Namen des preußischen Königs und Kaisers Wilhelm II. bezog. Ich war deswegen stolz wie Bolle, zumal ich meinen Namen als Erster in meiner Schulklasse zu schreiben lernte. Was lag also näher, als ihn in 50 cm hohen Schreiblettern an unser soeben frisch gemalertes Gasthaus zu schreiben, um das unübersehbar öffentlich kundzutun. Die beiden ›l‹ in der Mitte meines Rufnamens bildeten die Löffel eines kindlich gemalten Osterhasen – oder besser gesagt Vierbeiners darunter. Löffel werden die langen Ohren eines Hasen genannt, und mein Osterhase wäre ohne sie vermutlich kaum als Hase zu erkennen gewesen. Ich fand ihn trotzdem schön und war stolz darauf, mein Vater allerdings nicht. Es gab ein schmerzhaftes Donnerwetter, das von meiner Mutter mit dem Argument unterbrochen wurde, körperliche Züchtigung sei meiner zukünftigen Rechtschreibprofession abträglich.

Mit Schulbeginn begann meine Häschen-Gefühlswelt sich allmählich dem Ende zuzuneigen, und ich interessierte mich mehr und mehr für die Jagd. Der Begriff ›Wildbiologie‹ existierte so wenig wie der der ›Gendergerechtigkeit‹. Jagdbücher vermittelten damals allein das Wissen, wie man Beute macht und was den Beuteerfolg fördert. Das in seinem Wesen oder Charakter nur als Beute beschreibbare Tier, seine Verhaltensbiologie und der Umstand, in einer feindlichen Umwelt leben zu müssen, gehörten nicht dazu. Was verhaltensbiologisch vonnöten ist, stets um sein Leben fürchten zu müssen, um die eigene Art zu erhalten, habe ich erst viel später als Forststudent an der Universität Göttingen und erfahrener Jäger erlernen können.

Sowohl Saltens personifizierte Hasen wie Jahrzehnte später der Anblick von Dürers berühmtem Hasenporträt haben mich die Individualität dieser sensiblen Tiere in ihrer liebenswerten Kreatürlichkeit gelehrt. Heute wundert es mich nicht, dass Dürers *Hase* im ausgehenden Jahrhundert der Renaissance zu einer regelrechten Hasen-Manie in der Malerei führte. Viele namhafte Künstler porträtierten als Epigonen die damals noch seltenen Hasen, meist in derselben Ruhestellung. Allein aus dem 16. Jahrhundert sind heute 13 namhafte Hasenporträts in den großen Museen der Welt vertreten. Eines so eindrücklich und einnehmend wie das andere, aber keines reicht an Dürers Werk heran. Dürer gab mit seinem Hasen das Maß der mit ihm aufkommenden Tiermalerei vor. Trotz seines Blicks auf die Individualität und Kreatürlichkeit hat der Hase es in den Augen der Jäger später nicht geschafft, aus dem Kollektiv des Beutetiers als fühlendes Individuum herauszutreten.

Für diese liebenswerte Kreatürlichkeit steht der Osterhase, der etwas Glück ins Leben bringen soll. Auf unnachahmlich sympathische und ironische Art hat ihn Kurt Tucholsky (1980–1935) in seinem Gedicht *Ostern* skizziert:

Da ist nun unser Osterhase!
Er stellt das Schwänzchen in die Höh
und schnuppert hastig mit der Nase
und tanzt sich einen Pah de Döh!

Dann geht es wichtig in die Hecken
und tut, was sonst nur Hennen tun.
Er möchte sein Produkt verstecken,
um sich dann etwas auszuruhn.

Das gute Tier! Ein dicker Lümmel
nahm ihm die ganze Eierei
und trug beim Glockenbammelbimmel
sie zu der Liebsten nahebei.

Da sind sie nun. Bunt angemalen
sagt jedes Ei: »Ein frohes Fest!«
Doch unter ihren dünnen Schalen
liegt, was sich so nicht sagen lässt.

Iss du das Ei! Und lass dich küssen
zu Ostern und das ganze Jahr …
Iss nur das Ei und du wirst wissen,
was drinnen in den Eiern war!

Mümmelmann

Das Hausbuch der Jäger meiner Jugend war der 1954 von dem Jagdkundler Detlev Müller-Using überarbeitete Klassiker *Diezels Niederjagd* aus dem 19. Jahrhundert. Mit diesem Jagdlehrbuch habe ich später die Jagdscheinprüfung gemacht. Das Ursprungswerk *Erfahrungen auf dem Gebiete der Niederjagd* war nicht zufällig 1849 erschienen, als reichsweit das Jagdregal der niederen und höheren Stände abgeschafft wurde und die ›weidmännischen Regeln‹ der Edelleute der niederen Stände von den Kleinbauern, die ab dann auf eigenem Grund und Boden jagen durften, beachtet werden sollten. Die ›edlen Weidmänner‹ hatten im Zuge der Paulskirchenversammlung 1848 ihr Jagdvorrecht zugunsten der kleinen Grundeigentümer, der sogenannten Bauernjäger oder auch Kleinhäusler, verloren. Mit der Neuauflage von *Diezels Niederjagd* im Jahr 1954 sollte also noch 100 Jahre später dem jagdlichen Fußvolk signalisiert werden, dass es wie vor 1848, also wie einst die Barone, Hiller, Frei- und Gutsherren jagen sollte. Carl Emil Diezel war wie alle Jagdschriftsteller jener Zeit fürstlich bedienstet, zunächst fürstbischöflich und später königlich bayrischer Forstbeamter. Er hatte wie sein gesamter Berufsstand das lebhafteste Eigeninteresse, dass sich durch die jagdliche Popularisierung möglichst nichts änderte. Ab 1934 hieß es allerdings nicht mehr *weidmännisch*, sondern in der für den Nationalsozialismus typischen Hochwertsprache *waidgerecht*, also dem edlen

Waidmann gerecht werdend und nicht etwa dem Beutetier. Was deswegen bis heute mit der Wild- und Verhaltensbiologie der Beutetiere so wenig zu tun hat wie zuvor in der feudalen Jagd.

Der im Volksmund ›Mümmelmann‹ getaufte Hase blieb für die Jäger ein kollektives Beutetier ohne charakterliche Individualität geschweige denn fühlende Kreatürlichkeit. Er findet seine Lebenserfüllung rollierend als schnell und schwer zu erlegendes Zielobjekt sportlicher Schützen und wird allein seiner Zahl nach auf der im Dezimalmuster gelegten Jagdstrecke bemessen. Diese ›Streckenergebnisse‹ sind bis heute die wichtigste wildbiologische Informationsquelle zur Kontrolle wildlebender Hasenbestände – eine Tatsache, die für sich spricht. Jäger wissen tatsächlich meist nicht mehr als dieses jährliche Auf und Ab der Streckenergebnisse der von ihnen erlegten Hasen.

Detlev Müller-Using beginnt das Hasen-Kapitel seines über Jahrzehnte führenden Werkes zur Niederwildjagd darum mit der Feststellung, dass er es für ein überflüssiges Unternehmen hielte und sich einer Sünde schämen müsste, ...

> *... wenn ich in diesem Kapitel nichts weiter lehren wollte, als wie man sich der Hasen , dieser armen, ohnehin genug verfolgten Tiere, bemächtigen ... soll. ... ich gedenke vielmehr ... hier vorzutragen, ... wie man am zweckmäßigsten ihre Vermehrung befördern kann.*

– um sie schlussendlich in noch größerer Zahl sportlich erlegen zu können, bleibt nüchtern anzufügen.

Aber nicht nur das seitdem immer wieder aufgelegte Standardfachbuch, sondern fast alle jagdkundlichen und sogar wildbiologischen Abhandlungen über Feldhasen werfen mehr Fragen auf, als sie beantworten. Der Hase ist aus diesem Grund für Jäger ein Beutetier sogar ohne Geschlecht geblieben, weswegen ich hier vom ›Mümmelmann‹ sprechen möchte. Hasen bilden nämlich eine Spezies, die für Jäger aus identischen Wesen zu bestehen scheint. Ein Einheitswesen, welches die Mühe nicht lohnt, es als individuelle Kreatur wahrzunehmen. Der Sprachwissenschaftler spräche von Hasen im Sinne eines unbestimmten Gattungsbegriffs, wie z. B. Männer, Frauen, Beutetiere oder schlicht ›Krumme‹ oder ›Langohren‹ so wie in der wenig differenzierenden Sprache unserer Weidmänner. Welch skurriles Selbstverständnis das erzeugt, liest sich in den Lebenserinnerungen eines meiner Göttinger Konsemester aus den 70er Jahren, erschienen 2016, unter dem Titel *Försterherz, was willst Du mehr: Stationen eines Traumberufs*:

> *Hin und wieder konnte ich mich auch zum Jagdkönig proklamieren lassen. Von einer dieser Jagden aus den letzten Jahren möchte ich berichten. Am Ende des Tages lagen 74 Hasen auf der Strecke, davon hatte ich sieben geschossen. Wir waren im dritten Treiben. Mein Nachbar zur Linken war um einiges jünger als ich. Wir waren per Sie. Ich sah, wie ein Hase auf meinen Stand flüchtete. Er rief laut »Herr ………, Hase kommt!« Ich ließ ihn sauber rollieren. Kurze Zeit später kam der nächste, er rief laut und sehr bestimmt: »Herr ………, Hase!« Auch den Hasen konnte ich strecken. Plötzlich rief er mich mit meinem Namen: »Konrad, Hase!« Ich hatte mich gerade abgewendet und sah im Augenwinkel, wie ein Hase in Hochgeschwindigkeit meinen Stand passieren wollte. Der hingeworfene Schuss ließ auch diesen Hasen rollieren. Nach dem Treiben bin ich zu dem jungen Mann hingegangen und habe ihm gesagt: »Ich heiße Konrad!« Wie schön doch kameradschaftliches Jagen sein kann.*

Die wenigsten Jäger können am toten Hasen oder Kaninchen in der Wolle seines Fells dessen verborgenes, sehr klein geratenes und darum verwechslungsfähiges Geschlecht identifizieren, geschweige denn sein Alter bestimmen. Dazu muss man sich mit einem Hasen beschäftigen, was die wenigsten Jäger tun, weil allein das Hasen-Schießen und das sogenannte Rollieren tödlich getroffener Hasen ihren sportlichen Ehrgeiz triggert und ihnen den Spaß bereitet.

Tatsächlich machen es uns die Hasen auch nicht leicht, sie als Individuen wahrzunehmen. Zumal sie am Ende der Vegetationszeit unabhängig vom Alter alle etwa gleich groß wirken. Nähern wir uns einem Individuum aber als Mümmelmann, als der er bei Hermann Löns (1866–1914), dem frühen Jagd- und Naturschutz-Schriftsteller, bezeichnet wird, finden wir Zugang zu seiner sympathischen Eigenkreatürlichkeit.

Einem ungestört seine Kräuter mümmelnden Hasen durch das Fernglas oder aus der Nähe mit bloßem Auge zuschauen zu dürfen, kommt einer Meditation gleich, einem In-sich-Hineinhören und Auf-sich-selbst-Konzentrieren. Andächtig mahlt er mit seinen Backenzähnen die Kräuter und Blätter, die ihm schmecken, und ist allem Anschein nach durch nichts davon abzubringen. Schaut man genau hin, erkennt man unterschiedliche Gesichtszeichnungen, die ihn deutlich von seinen Artgenossen unterscheiden lassen, vor allem durch die Konturierungen aus Schwarz, Weiß und Braun rund um seine Augen, die auch in der Dämmerung signifikant bleiben. Vermutlich erkennen sie sich untereinander an diesen individuellen Gesichtszügen. Genau weiß man das aber nicht, wie vieles, was unsere Hasen ausmacht und im Sprachgebrauch zu krassen Fehlbezeichnungen

Arthur Fitzwilliam Tait, Kaninchen am Baumstamm, *1897. Kaninchenglück in der Familie, wie es Hasen nicht kennen, denn Junghasen müssen ab der vierten Woche allein zurechtkommen.*

führt wie z. B. ›Krummer‹ oder ›Angsthase‹. Plagen unerfahrene Junghasen Zweifel, welch unbekannter Artgenosse sich ihnen nähert, beschnuppern sie sich zart an den Nasen, wohl um sich den individuellen Geruch des Neuen zu merken, was man aber auch nicht sicher weiß. Aus der Entfernung sieht das dann aus, als gäben sie sich ein zartes Begrüßungsküsschen.

Während ein Hase unablässig vor sich hin mümmelt, lauschen seine Radarmuschel-Ohren, die 12 bis 14 cm langen ›Loffel‹, ununterbrochen das Terrain in alle Richtungen ab. Deren Spitzen sind schwarz, damit auf weite Entfernung das lebhafte Ohrenspiel nicht so gut zu erkennen ist. Wenn sie allerdings mit ihrer imposanten Länge aus der Vegetation herauslugen, ist die deutliche Silhouette eines großen V, wie ein Siegeszeichen zu sehen, das jedem Beobachter signalisiert, vom Hasen zuerst geortet worden zu sein. Die Pfeffer- und Salzfarben seines Fells verschwimmen in der vertikalen Struktur der Vegetation sogar im Fernglas. Seinen vorstehend seitlich angeordneten Bernsteinaugen mit der besonderen Fähigkeit zur 360°-Rundumsicht entgeht keine Bewegung. Wegen der nur etwa 10 % vorn und hinten überlappenden Sehfelder sieht der Hase in 80 % seines Gesichtsfeldes zweidimensional und nur in den schmalen Überlappungsbereichen räumlich. Wenn man bei einer Zufallsbegegnung erstarrt und sich nicht bewegt, hat der Hase große Schwierigkeiten, den Menschen zu erkennen. Das gilt vor allem für Junghasen, die noch keine Erfahrung mit der aufrecht gehenden Menschengestalt haben. Dann kann es passieren, dass sie einen überraschten und erstarrten Hund bis auf wenige Meter anlaufen. Und erst wenn dieser sich zu regen beginnt, fliehen sie panisch. Aber man sollte sich nicht täuschen, der Hase ist weder dumm noch verträumt, es ist sein monokular beschränktes Gesichtsfeld und seine Neugierde, die dieses Verhalten bedingen. Wenn das Hasenmännchen sich neben dem genussvollen Mümmeln noch auf eine Häsin konzentriert, kann es allerdings ziemlich gefährlich für ihn werden.

Andererseits haben Hasen Fähigkeiten, die ein Hund zum Beispiel nicht hat. Sie spüren mit ihren empfindlichen Pfoten kleinste Erschütterungen des Bodens, sobald sich ein anderes

Wesen nähert. Durch Klopfen auf den Boden kann ein Hase seine Erregung via Bodenschwingungen kabellos allen Artgenossen mitteilen. Stimmliche Lautäußerungen sind dagegen eher selten. Die empfindlichen Barthaare seines imposanten Schnauzbarts, der es mit dem Wilhelms II. hätte aufnehmen können, sind Distanzmesser, die bei einer lebensrettenden Flucht ins Gebüsch anzeigen, an welcher Stelle sein Körper hindurchpasst. Das leichte Zittern der seitlich lang abstehenden Schnauzhaare verraten seine sich stets auf und ab bewegenden Nasenflügel, die nicht nur kontrollieren, ob seine Blattmahlzeit genießbar ist. Sie warnen ihn auch vor sich nahenden, noch unsichtbaren Gefahren, deren Witterung der Wind heranträgt. Man gewinnt den Eindruck, seine durch die vertikale Hasenscharte mittig geteilten Backen erlaubten es ihm, mit vollen Backen die Luft einzuziehen, um genussvoll zu schmecken und gleichzeitig die Umgebungswitterung gezielt zu orten. Erregt etwas seine Aufmerksamkeit, werden schlagartig alle Sinne darauf fokussiert, das Tier geht aus der aufrechten Hocke hoch und macht einen in der Jägersprache so genannten ›Kegel‹, es sitzt also auf den Hinterläufen und zieht die Vorderläufe an, während sein Schwanz, der ›Blume‹ genannt wird, am Boden bleibt.

Diese Haltung inspirierte Spitzweg zu einem seiner zahlreichen *Sonntagsjäger*-Gemälde. Es zeigt den verschlafenen Stadtjäger mit Zylinder, im Traum versunken, während sich der Hase im Kegel zu amüsieren scheint. Streckt das Tier dann noch seine Hinterläufe, macht es Männchen. Dann schaut es aus luftiger Höhe von immerhin etwa 80 cm über das hohe Gras hinweg und kann erkennen, was sich da bewegt.

Es ist meistens eine Mischung aus Neugierde und Vorsicht,

Carl Spitzweg, Der Sonntagsjäger. *Der Spätromantiker scheint uns sagen zu wollen: Das kommt davon, wenn Stadtbürger zur Jagd gehen.*

die ihn leitet, solange die Gefahr nicht eindeutig zugeordnet ist. Dann besteht vorerst kein Grund, sich vom Mümmeln abbringen zu lassen. Mitunter läuft er mümmelnd in die Richtung der interessanten Störung, um zunächst seine Neugierde zu befriedigen und notfalls mit einer spontanen Flucht, wie eine vorschnellende Sprungfeder, die jeden startenden 100 m-Läufer neidisch machen würde, umso rasanter das Weite zu suchen. Wissen, was da ist, will er aber schon, bevor er das genießerische Mümmeln unterbricht.

Sich als beobachtender Zaungast dieser aufmerksamen Friedfertigkeit bei gleichzeitig höchster Konzentration auf den Genuss hingeben zu dürfen, führt unweigerlich zu einer Fokussierung auf sich selbst und man beginnt, sich dem zarten Wesen, seiner Individualität, zu öffnen. Damit meine ich das, was wir

Menschen mit Eigenpersönlichkeit bezeichnen und mit Blick auf die höhere Tierwelt als Eigenkreatürlichkeit wahrnehmen, nämlich als ein einzigartiges Wesen aus biologischer Veranlagung wie subjektiver Lebenserfahrung, das nicht nur lebt und leben will, sondern lernfähig, ja sogar sehr intelligent ist.

Als Albrecht Dürer (1471–1528) im Jahr 1502 seinen weltberühmten Hasen malte, gab es im Vergleich zum 19. Jahrhundert Carl Emil Diezels noch sehr wenig Hasen in der Kulturlandschaft. Warum hat sich der Maler mit nie wieder erreichter Perfektion der Eigenkreatürlichkeit dieses damals eher unbedeutenden, kleinen Wildtieres gewidmet? War es etwa die nur vier Jahre vorher veröffentlichte Fabel *Reynke de vos* aus Lübeck? In der der Hase die passive Rolle des gutgläubigen, friedlichen Bürgers und Opfers einnehmen muss, der vom politisch ausgebufften Fuchs grausam verspeist wird. Dessen Tat vom noblen, hohen Herren ungesühnt hingenommen wird? Wir wissen es nicht. Jedenfalls war der Hase damals ein Tier, das bestenfalls für die Küchen des Adels eine eher seltene Bedeutung gewann. Ausweislich der beliebten Küchenstillleben der Renaissance- und der späteren Barockzeit zeigen die mit frisch erlegtem Wildbret beladenen Tische der Adelsküchen eine breite Palette von heute längst bedrohten Vogelarten, die den Speiseplan bereicherten, aber seltener einen Hasen. Dürer malte auch nicht etwa irgendeinen beliebigen Hasen, sondern den Hasen der Kunstgeschichte schlechthin, nämlich seinen, den er sich offenbar zuvor geduldig vertraut gemacht hatte. Er malte mit ihm erstmals in der Geschichte der Tiermalerei überhaupt ein Tier in seiner Eigenkreatürlichkeit und eröffnete damit das Genre sogenannter Tierstücke. Es ist diese, sich dem Betrachter regelrecht aufdrängende Besonderheit, die das Aquarell weltberühmt machte und wohl für alle Zeiten den bildnerischen Maßstab für die zahlreichen Epigonen der Hasenmalerei im Jahrhundert nach ihm vorgab. Selbst fünfhundert Jahre später wirft Dürers Hase in der Kunstgeschichte mehr Fragen auf, als sie bis heute beantworten kann.

Fragen, die allerdings von der versammelten Dürerexpertise in einer Nürnberger Sonderschrift des Jahres 2002 aus Anlass des 500. Geburtstags dieses eher schlichten Aquarells auf Papier weder aufgeworfen noch beantwortet werden. Hat er ihn vor der Natur skizziert und später in seinem Studio ausgefertigt? Die nie wieder in Aquarelltechnik erreichte Plastizität und Detailgenauigkeit von Unter- und Oberhaar des Fells spricht eher für den Blick des Künstlers auf einen vor ihm sitzenden, lebenden Hasen. Das Haar des Hasen ist derart plastisch, dass man meint, ihn streicheln zu können. Der Hase sitzt ohne Hintergrund scheinbar auf dem Boden des Ateliers, wie das sich in seinem rechten Auge spiegelnde Fensterkreuz dem Betrachter versteckt zu signalisieren scheint. Eine Fensterkreuz-Spiegelung, die Dürer auch bei Selbstporträts einsetzte, wie ein verstecktes Signet neben seiner weltberühmten Signatur mit den Initialen AD. Hat er ihn zuvor eigenhändig in Gefangenschaft aufgezogen, um ihn sich vertraut zu machen? Der Hase zeigt – im Gegensatz zur falschen Deutung in der herrschenden Kunstkritik – eine ruhende Entspanntheit mit nicht vergrößerten Pupillen, wie er sie aber unmittelbar vor einer panischen Flucht nach Meinung von Verhaltensbiologen unbedingt zeigen müsste. Aus ihm spricht vielmehr eine am Geschehen um ihn herum interessierte Aufmerksamkeit mit aufgestellten, neugie-

Dürers Hasenportrait, 1502, ist eines der herausragenden Beispiele der Renaissance, die Welt zu sehen, wie sie ist.

rigen Löffeln, gleichwohl sitzt er mit entspanntem Blick Modell und scheint keineswegs sprungbereit, sondern ruhend und beobachtend. Und wo sitzt er? Auf dem Boden des Ateliers oder

Albrecht Dürer, Das große Rasenstück, *1503. Für dieses scheinbar unwesentliche Objekt begibt sich der Maler auf die Augenhöhe seines nur ein Jahr zuvor porträtierten Hasen. Weil er ihn aus eben diesem paradiesischen Hasenbiotop als Junghase geraubt hatte, um ihn sich als lebendes Modell groß zu ziehen und vertraut zu machen.*

irgendwo, jedenfalls herausgelöst aus seinem Lebensraum? Durch das Fehlen des Hintergrundes fokussiert Dürer unseren Blick auf eine individuelle Kreatur und nicht etwa auf die anonyme Natur oder einen konkreten Raum, um den Betrachter nicht von der Zartheit des Individuums abzulenken.

Eines steht fest: Dürer malte nicht nur das Haarkleid seines Hasen mit naturalistischer Präzision, sondern auch seine ruhige, Interesse signalisierende Körperhaltung, mit entspannten Oberlidern seiner Augen und zitternden Schnurrhaaren, ein sich deutlich unter dem Fell abzeichnendes, aber ruhendes Sprungskelett und vieles mehr. Ich glaube, der Hase muss ihm lebend Modell gesessen haben, was voraussetzt, dass er zuvor sein Vertrauen erworben hatte. Tatsächlich spricht vieles dafür, dass er ihn eigenhändig aufgezogen haben muss. In seinem ebenfalls berühmt gewordenen Gemälde *Das große Rasenstück* von 1503 begibt sich der Maler auf die Augenhöhe seines mümmelnden Hasen. Optisch zieht er den Betrachter in einen bestenfalls hasenhohen, grünen Grasdschungel und fokussiert den Blick damit von schräg unten auf die Blütenköpfe eines Allerwelt-Unkrauts auf jedem saftigen Stück Grünland. Es sind die kurz vor der Blüte stehenden, knatschig fetten Löwenzahnköpfe, die Vorzugskost unserer Hasen. Dürer malte das Rasenstück aus dem Blickwinkel seines kauernden Hasen, den er, lässt sich vermuten, soeben erst als Neugeborenes daraus entnommen hatte. Ist es nicht wahrscheinlich, dass er seinen Hasen und dessen Lebensraum deswegen in zwei getrennten Bildwerken darstellte, um dessen Eigenkreatürlichkeit mithilfe der Nahmalerei erstmals in der Kulturgeschichte herauszuarbeiten? Und dann sein saftiges Paradies ein Jahr später nachliefert?

Dürers *Hase* ist 1502 ein Wegbereiter der deutschen Renaissance, weil er mit ihm die lebendige Mitwelt abbildet, wie sie tatsächlich ist. Er ist damit nicht nur der bildnerische Türöffner einer neuen Malepoche, sondern selbst der Tierethik. Dafür spricht nicht nur sein Hase, sondern auch das Gemälde der abgerissenen, blutigen Schwinge einer Blauracke und insbesondere des von einem Armbrustpfeil durchbohrten Hirschkopfes. Letzteres ist die Nahaufnahme eines Hirschtorsos, dessen Auge im Moment des Todes zu brechen scheint. Diese Tierstücke Albrecht Dürers markieren die Geburtsstunde des ethischen Tierschutzes in der bildnerischen Kunst. Sie alle sind nicht zufällig in nur wenigen Jahren nach 1502 entstanden und wurden Inkunabeln einer auch 500 Jahre später noch nicht verwirklichten Zukunftsgesellschaft, die sich endlich mit der Tierwelt zu versöhnen beginnt.

Warum ich schon seit meiner frühesten Kindheit die Eigenkreatürlichkeit von Hasen empfand, ohne Dürers bildnerische Darstellung zu kennen oder überhaupt verstehen zu können? Es waren zwei graue Kaninchen, die mir das Christkind 1952 brachte – wohl, um mich über den Tod meiner geliebten Oma wenige Wochen vorher hinwegzutrösten. Auslöser war, dass meine Mutter mich wiederholt am geöffneten Sarg meiner Großmutter noch nach Mitternacht betend und schluchzend angetroffen hatte. Sie machte sich also ernste Sorgen um mich. Es war natürlich sie – und nicht mein Vater –, die auf die Idee gekommen war, meine über Wochen nicht nachlassende Traurigkeit mit tierischen Spielkameraden zu vertreiben. Und das gelang ihr mit durchschlagendem Erfolg, wie das Foto auf der gegenüberliegenden Seite zeigt.

Der Autor am heiligen Abend 1952 mit seinen beiden Kaninchen Fritzchen und Hansi unter dem Weihnachtsbaum.

Ich war ein ausdauernder wie geübter Tagträumer sondergleichen. Mein durch und durch pragmatischer Vater sprach hingegen vom ›überflüssigen Sinnieren‹, wenn jemand in sich versank, und meine strenggläubige Mutter ging in die Kirche, um bei sich selbst zu sein. Mein Weg vom Kindergarten führte zuerst in den schmalen Hof zwischen Gasthaus und Kino, wo die beiden miteinander verbundenen Kaninchenställe auf Augenhöhe aufgebockt standen und ich mich in das so lustvolle wie konzentrierte Mümmeln meiner Kaninchen vertiefte und darüber die Zeit um mich herum vergaß, bis mich das Kindermädchen zum Essen rief. Hansi und Fritzchen hatte ich sie nach zwei Schulkameraden benannt, da mein Vater behauptete, beide seien Jungs. Ich fand die Namen meiner beiden wesensverwandten Freunde passend, bemerkte aber Jahre später, dass mein Vater wie die meisten seiner Jagdgenossen das Geschlecht der Kaninchen gar nicht ansprechen konnte. Er gab Jahrzehnte später auch zu, dass er mich einst ›angeflunkert‹ hatte, wie er das zu entschuldigen pflegte. Tatsächlich war das Weibchen bereits trächtig geworden, und da ich ohnehin zu klein war, um die Verantwortung für ihre regelmäßige Stallpflege und Versorgung zu tragen, brauchte ich dazu die Mithilfe unseres Kindermädchens. Ich erkannte natürlich nicht, was sich da anbahnte, und meinem Vater gefiel meine traumversunkene Liebe zu den Kaninchen ohnehin nicht, und nun drohte auch noch Nachwuchs. Als ich eines Tages aus dem Kindergarten zurückkam, waren die Kaninchenställe leer. Ich war untröstlich und kann mich noch gut erinnern, wie meine Mutter herumdruckste, um eine halbwegs plausible Erklärung zu finden. Was in Wahrheit aus ihnen geworden war und warum mein Vater sie weggab, erfuhr ich schließlich erst 15 Jahre später, und das machte mich dann erneut traurig.

Allen Irrtümern zum Trotz zählen unsere Hasen ungeachtet des Mümmelns nicht zu den Nagetieren, sie sind lediglich entfernt mit ihnen verwandt. Das Mümmeln bezeichnet im zoologischen Sinn kein Nagen mit den Schneidezähnen. Obwohl es zwischen den Hasenartigen, der Ordnung Lagomorpha, und den Nagetieren, der Ordnung Rodentia, manche Ähnlichkeit gibt, bilden sie innerhalb ihrer Ordnung die sehr große Familie der Echten Hasen. Diese sogenannten Leporidae sind weltweit heute noch immer mit mehr als 60 verschiedenen Arten vertreten. Zoologisches Kennzeichen sind zwei verkümmerte Stiftschneidezähnchen hinter den großen, deutlich sichtbaren Schneidezähnen des Oberkiefers. Letztere entsprechen in ihrer Funktion den Nagezähnen der Nagetiere und sind Zeugnis der evolutionären Konvergenz zwischen beiden zoologisch nicht sehr nah verwandten Ordnungen. Darunter wird verstanden, dass ähnliche Lebensraumnischen, sogenannte Ökotope, evolutionsgeschichtlich trotz nur entfernter Verwandtschaft zu ähnlichen physiologischen Ausprägungen führen können. Wird der Oberkiefer bei den Nagern in Längsrichtung beim Kauen vor und zurück geschoben, tritt bei den Hasenartigen eine seitliche Kaubewegung hinzu, was den Eindruck des kreisenden Kauens erzeugt. Das beherrschen auch Kleinkinder mit gefüllten Backen perfekt, sie mümmeln. Hasen unterscheiden sich aber nicht nur dadurch von den Nagern. Nagetiere können mit ihren vorderen Pfötchen greifen und geschickt hantieren, während Hasen vor allem Schnellläufer sein müssen. Sie haben an den Hinterläufen darum nur noch vier Zehen. Beides weist darauf hin, dass die Evolution sie primär als schnelle Fluchttiere selektierte.

Die Evolution hat es den Hasenartigen deshalb ermöglicht, sich mit ihren unterschiedlichen Spezies beinahe über den gesamten Globus auszubreiten, außer unter anderem nach Australien und Madagaskar sowie einigen Inseln. Sucht man die verbindenden Elemente zwischen ihnen, so ist es die für Säugetiere ihrer Größenordnung erstaunliche Vermehrungsrate und ihr botanisch breit gefächertes Ernährungsspektrum. Ihr zentrales ökologisches Merkmal ist indessen ihre Beutefunktion für nahezu alle vorkommenden Prädatoren auf dem Globus sowie ihr darauf ausgerichtetes Verhalten als hoch spezialisierte Fluchttiere. Das setzt nicht zuletzt ein erstaunliches Lernvermögen voraus, das sie in einer extrem feindlichen Welt überleben lässt. Letzteres regt ihre Neugierde an, die ihnen aber auch zur tödlichen Gefahr werden kann; sie bildet trotzdem die Schule ihres Lebens.

Sprechen wir also vom Hasen, meinen wir die sogenannten Echten Hasen. Bei uns vertreten durch den Feldhasen, lateinisch *Lepus europaeus*, das Vorbild unserer Osterhasen. Gleichwohl gibt es in Europa noch fünf weitere Vertreter aus der Familie der Echten Hasen. In Deutschland ist es nur der Alpenschneehase, lateinisch *Lepus timidus varronis*, eine Unterart des nordischen Schneehasen, der heute nur noch in Meereshöhen über 1800 m vorkommt. Beide sind miteinander enger verwandt als mit dem Wildkaninchen, mit dem sie sich deshalb auch nicht kreuzen. Wildkaninchen zählen nämlich nicht zu den Echten Hasen, sondern bilden eine eigenständige Familie, die der Kaninchen. Ein seltenes weißes Kaninchen oder noch

Ein Schneehase im Winterkleid, das ihn in schneefreien Wintern zur besonders leichten Beute macht. Sein Aussterben ist darum in Deutschland vorprogrammiert.

seltener ein weißer Hase mit roten Augen ist im Zweifel immer ein Albino und nicht etwa ein *Flachland*-Schneehase.

Die Ernährungsphysiologie des Hasen ist erstaunlich. Das Spektrum seiner rein pflanzlichen Nahrung erstreckt sich beim Feldhasen auf über 400 verschiedene Pflanzenarten, was ihn in der Kulturlandschaft besonders anpassungsfähig macht. Man kann ohne Übertreibung sagen, dass es den Feldhasen ohne Ackerbau treibende Menschen in Deutschland nie gegeben hätte. Er ist – ohne jemals Haustier geworden zu sein noch sich verhaltensbiologisch dafür zu eignen – mit unserer Kulturgeschichte verbunden wie Katze und Hund und trotzdem inzwischen selten geworden. Eine Besonderheit seiner Verdauungsorgane verführt dazu, ihn für einen Wiederkäuer zu halten, was er nicht ist. Tatsächlich hat er einen deutlich vergrößerten Blinddarm, der zähe Pflanzenteile vorverdaut, die er zunächst als Blinddarmkot ausscheidet, um sie dann erneut zu sich zu nehmen. Diese perfekte Organisation seines Verdauungsapparates führt ihm organisch schwer erschließbare Vitamine zu.

Es handelt sich um große Säugetiere, die ausgewachsen immerhin ein Gewicht von 5–6 kg erreichen. Sie brauchen also den reich gedeckten Kräutertisch. Außerdem ist ihre Reproduktionsrate zentral für den Arterhalt angesichts ungezählter Feinde, die der Hase als Beutetier unter Preisgabe seines eigenen Lebens seinerseits am Leben erhält. Etwa zur Jahreswende, bei milden Wintern auch früher, beginnt die sogenannte Rammel- oder Paarungszeit, die in der Regel nach 42 Tagen, also etwa ab Februar oder März, zur Geburt von meistens 2–5 Jungen führt, was sich, wie oben schon erläutert, im Verlauf desselben Jahres vier bis fünf Mal wiederholen kann. Das begründet eine Reproduktion von mindestens 10 Jungen bezogen auf den Frühjahrsbestand an Häsinnen. Die jungen Häsinnen der Märzgeneration können bei klimatisch guten Bedingungen sogar am Ende des Sommers selbst empfangen und noch im Herbst eine erste Enkelgeneration gebären.

Bei ihrer Geburt wiegen die kleinen Wollknäuel nur ca. 120–130 Gramm und müssen deswegen rasch an Körpergewicht zulegen. Schon gegen Ende der Vegetationszeit müssen sie etwa 80 % des Gewichts der Althasen aufweisen, um den Winter zu überstehen. Das erreicht die Mutter anfangs durch ein- bis zweimal tägliches Säugen mit einer Milch mit einem Fettgehalt von ca. 24 %, also dem von fetter Sahne. Um diese Anforderung zu leisten, brauchen Häsinnen, wie schon bald auch die Junghäschen selbst, eine besonders fettreiche Kräuternahrung. Schon von der zweiten Lebenswoche an beginnen die Säuglingshäschen darum, zusätzlich zur Muttermilch den Kräutertisch eigenständig zu beernten, um sich spätestens nach der vierten Woche vollkommen selbstständig zu ernähren. Fehlen die fettreichen Kräuter, sind die Junghäschen gefährdet, die ersten Monate ihres jungen Lebens mangels Gewichtszunahme zu überstehen. Ganz zu schweigen davon, dass eine einseitige Nahrung sie gegenüber einer Vielzahl tödlicher Infektionskrankheiten besonders anfällig macht.

Welche ungeheure Zuwachsleistung jedes Junghäschen erbringen muss, um wenigstens bis zur ›rollierenden Ernte‹ im Oktober zu überstehen, um dann mit sportlichem Pläsier mehr oder weniger treffsicher erlegt zu werden, belegen wildbiologische Untersuchungen: Das Geburtsgewicht liegt bei 130 Gramm, das sich nach nur einer Woche verdoppelt, um bereits nach zwei weiteren Wochen rund das Siebenfache, also fast ein Kilogramm zu erreichen. Nach einem weiteren Monat folgt wieder eine Verdopplung auf zwei Kilogramm, nach insgesamt drei bis vier Monaten müssen die Hasen bereits Dreiviertel des Normalgewichts erreicht haben, also rund das Dreißigfache ihres Geburtsgewichts. Zu diesem Zeitpunkt werden sie Dreiläufer genannt, der auch vom Laien gut als halbstarker, etwas kleinerer Junghase zu erkennen ist. Wieder nur zwei Monate später beginnen sie bei etwa 80–90 % des Gewichts ihrer Elterntiere bereits mit dem Rammeln, um sich noch im Geburtsjahr erst-

Bruno Liljefors, Hasenstudien, *1885. Tucholskys Pah-De-Döh zeigt das erste Bild in der dritten Reihe von oben, eine im Tierreich einmalige Schrittkombination.*

mals fortzupflanzen. Diese Vorliebe für fettreiche pflanzliche Nahrung zeigt der Hase sein ganzes Leben lang. Die Mohnköpfe und Blüten des Löwenzahns sind darum äußerst begehrt. Diese enorme Fähigkeit zum zügigen Heranwachsen muss ihr Lebensraum gewährleisten. Sie ist aber nicht der einzige Trick der Evolution, ihre Art gegen die Tag und Nacht lauernden Feinde zu wappnen. Demografisch erzeugt sie eine Gesellschaft aus Jugendlichen und Heranwachsenden, die die Schule des Lebens durch Erfahrung und Schnelligkeit erst noch durchlaufen müssen. Regelmäßig bilden darum 70–90 % aller Hasen auf der Jahresstrecke der ›rollierenden Ernte‹ Junghasen desselben Jahrgangs.

Seine ›krumme‹ Gestalt verrät seine spezielle Bewegungsnatur. Hasen können nämlich nicht normal gehen oder traben wie alle anderen Vierfüßer unter den Säugetieren. Ihr Normalgang ist der mehr oder weniger schnelle Galopp. Der Grund dafür liegt in ihrem Körperbau. In Relation zu den Vorderläufen sind die sehr muskulösen Hinterläufe deutlich zu lang, weswegen er die krumme, nach vorn geneigte Rückenlinie zeigt. Infolgedessen flüchtet er bei hoher Gefahr nicht bergab, sondern bergauf, weil er sich andernfalls zu überschlagen droht. Andererseits erlaubt ihm diese Besonderheit, für seine Verfolger völlig überraschende Haken zu schlagen, die sie geruchsgelenkt über die Spur hinausschießen lässt, was dem Hasen einen rettenden Vorsprung verschafft.

Typische Folge davon ist ein mit keinem anderen Wildtier vergleichbares Fährtenbild, das jede Verwechslung ausschließt. Im Galopp setzt er wechselnd die Vorder- oder Hinterläufe nach vorne, die Hinterbeine jedoch immer gleichzeitig und die Vorderbeine überholend hintereinander auf. Das zeichnet im Schnee ein eigenartiges, nur dem Hasen typisches Schrittmuster: Zwei Schritte parallel vor, dahinter zwei mittig nacheinander. Diese von Kurt Tucholsky in seinem obigen Vers so treffend ›Pah de Döh‹ genannte Schrittkombination ist schwer nachzuvollziehen. Sie ist auch der Grund für sein ›Hoppeln‹, wenn er sich mümmelnd auf Nahrungssuche vorwärtsbewegt. Er macht dann kleine Trippelschritte mit den Vorderläufen nach vorn und hüpft mit den Hinterläufen hinterher, was uns amüsant erscheint. Um wie viel weniger elegant kam mir schon als Kind im Vergleich dazu das eher spießige Trippeln des Igels mit seinen krummen Beinchen vor, zumal er mit ihnen nicht einmal schnell laufen, geschweige denn galoppieren kann. Da beeindruckte mich der spiralfederartige Spurtstart und das kraftvoll-elegante Galoppieren des Hasen weitaus mehr. Seine Sprungweite übertrifft das Vier- bis Fünffache seiner Körperlänge, also rund 2,50 bis 3 m, und der Hase erreicht damit Spitzengeschwindigkeiten von bis zu 80 km/h. In Relation zu seiner Körperlänge ist er damit jedem Galopprennpferd überlegen.

Mich fasziniert wie viele andere zudem seine unbestrittene Friedfertigkeit. Beobachtet man zur Paarungszeit über längere Zeit still und bewegungslos Rammler und Häsin auf einer Blumenwiese, kann man sehen, wie das Liebesspiel mit dem gegenseitigen Kennenlernen beginnt, bei dem zunächst einmal ausgiebig Fangen gespielt wird. Der Rammler nutzt jede Gelegenheit, die Häsin zunächst zart und später immer aufdringlicher zu berühren. Ihre Abwehr kommentiert er mitunter mit einem leisen Murren, bis er schließlich beginnt, sie am Hinterteil zu beschnuppern, was sie meist mit einer Aufforderung

Carl Friedrich Deiker, Hasenduell. *Der Boxkampf wird geprobt. Vorsicht! Kopf zurücknehmen! Man will sich ja nicht wehtun.*

zum Boxkampf quittiert. Dazu geht sie auf die Hinterläufe und beginnt, auf den Rammler einzuschlagen. Er beginnt zurückzuboxen. In diesem Distanzkampf zielen die Schläge nur auf die Läufe des anderen. Zur Sicherheit nehmen beide Schaukämpfer die Köpfe noch etwas zurück, man will sich ja nicht weh tun. Gewaltig ausholen und ernsthaft verletzen könnten sie sich mit ihren krallenbewehrten Vorderläufen schon, aber meist sind auf dem Hasen-Kampfplatz nur einige wenige weiße bis bräunlich-beige Haarbüschel zu finden, was dann wilder aussieht, als der Kampf tatsächlich gewesen ist. Denn die sogenannte Wolle der Hasen sitzt nicht besonders fest auf der Haut, weswegen auch die Kürschner keinen rechten Gefallen an ihr gefunden haben.

Nach einem meist nur kurzen, heftigen Boxkampf dauert es nicht mehr lange, bis die Häsin ihn aufreiten lässt, was der Rammler mit einem liebevollen Biss in ihren Nacken begrüßt, um schon bald darauf die Lust an ihr zu verlieren und sich einer neuen Liebschaft zuzuwenden. Ähnlich verlaufen auch die weitaus selteneren Boxkämpfe sexualisierter Rammler untereinander. Und das ist es dann auch schon mit dem Machogehabe der Mümmelmänner. Seine allgegenwärtige Gefahrenwelt hat ihn als friedfertigen, stets hungrigen Feinschmecker zum regelrechten Vorbild für ein friedliches Zusammenleben werden lassen.

Meister Lampe

Alljährlich zu Ostern kann man in der Zeitung lesen, demnächst knipse der Osterhase als Letzter das Licht in unserer ausgeräumten Agrarlandschaft aus. Bad News sind für die Presse offenbar österliche Good News. Das Wortspiel, das Licht auszumachen, passt allerdings gut zu seiner literarischen Bezeichnung ›Meister Lampe‹. Warum er kulturgeschichtlich so genannt wird, ist eine weitere der vielen offenen Fragen. Ursprünglich wird dieser merkwürdige Name auf Meister Lamprecht zurückgeführt. Lamprecht ist ein Hase im bekanntesten niederdeutschen Tierepos und spielt dort nur eine Nebenrolle. Es handelt sich um das oben schon erwähnte Lübecker Epos *Reynke de Vos* aus dem Jahr 1498, worin die meisten Tiere als Meister angesprochen werden. Es war die Vorlage für Goethes *Reineke Fuchs*, wo der Hase ebenfalls nur die Rolle des gefressenen Opfers spielt. Auch bei Goethe lockt der Fuchs, der einen frommen Pilger vorheuchelt, den gutgläubigen Lampe in seinen Bau, um ihn dort zu ermorden und genüsslich zu verspeisen. Die schändliche Tat bleibt indessen von König Nobel ungesühnt und endet mit einem Freispruch für den heuchlerischen Fuchs, der sogar mit einem *Heiter-und-Sorglos-Paket* belohnt zum Kanzler des Reichs befördert wird, um fortan sein selbstsüchtig verlogenes Leben umso ungestörter führen zu können. Ein für den Hasen und alle anderen Tier-Untertanen ziemlich bitteres Ende im Reich von König Nobel, das natürlich mehr ist als nur eine Anspielung auf das Räuber-Beute-Verhältnis von Fuchs und Hase in der Natur. Nicht zufällig bezeichnete Goethe später sein Tierepos als *Unheilige Weltbibel,* nämlich als Kontradiktum zur Heiligen Schrift, und machte deutlich, dass er als Weimarer Minister nur zu gut wusste, nach welchen Regeln in der Welt der Politik mitunter gespielt wird.

Lampe ist zugleich ein in der Jägersprache verwendeter Begriff. Hasen haben nämlich einen kurzen Schwanz, den sie auf ihren Rücken legen und so zur Unterseite wenden können. Oben ist der rund zehn bis vierzehn Zentimeter lange Schwanz, die Blume, unauffällig beige-schwarz getarnt, und zum Rücken gewendet leuchtend weiß, so wie sein Bauch. Entfernt sich der Hase in Richtung eines schützenden Gehölzes, macht er sich nicht nur sprichwörtlich vom Acker, sondern signalisiert, so die gängige Erklärung der Wildbiologie, seinen Artgenossen mit seiner auf dem Rücken liegenden, weißen Lampe seinen Abgang. Jüngere Forschungen haben allerdings ergeben, dass dies eher seinem eigenen Schutz zu dienen scheint. Verfolger sind wegen ihres scharf fokussierenden Beuteblicks auf diese Weise umso leichter zu täuschen. Bei jedem Galoppsprung blinkt die weiße Lampe in der Dämmerung an und aus, auf und ab und verwirrt die Verfolger erst recht nach jedem Haken, den der Hase ihnen schlägt. Die weiße Lampe wie sein berüchtigtes Hakenschlagen machen darum aus dem Hasen kraft genetischer Veranlagung einen listigen Schelm, der sein Fell mit optischen Tricks zu retten versteht.

Doch wie sieht es wirklich mit seiner Gefährdung aus? Mit den Augen eines Hasen sind Wald und Baum, Waldrand und Lichtung so verführerisch wie abstoßend. In unserer zerzausten, künstlichen Waldlandschaft bieten ihm zwar der Forst und seine Waldränder bei Gefahr einen Fluchtort, doch muss er schon bald wieder hinaus, weil die fruchtbaren Felder und Wiesen ihn ernähren. Geschlossene und deswegen über weite Strecken dunkle oder halbdunkle Wälder wie z. B. gleich alte Altersklassenforste und selbst Dauermischwälder zählen nicht zu seinem bevorzugten Lebensraum, auch wenn man ihn mitunter im Wald antrifft. Alle Hasen, ob im Wald, Moor oder auf dem Deich, sind bei uns immer Feldhasen, die nur fakultativ den jeweiligen Raum eher schlecht als recht zu ihrem Lebensraum machen. Und genauso wenig, wie es sich bei den Mümmelmännern im Stadtgebiet Berlins um Stadthasen handelt, gibt es Wald-, Moor- oder Deichhasen, sondern ausschließlich immer nur Feldhasen.

Der Wald ist ihnen als Lebensraum eher feindlich gesinnt, weswegen sie dort auch nie zu größerer Populationsdichte anwachsen. Geschlossene Wälder bieten ihnen doch weder wärmendes Licht noch die dringend benötigten, fetthaltigen Kräuter.

Es ließe sich vom Hasen im übertragenen Sinne als eine *Keystone Species* unserer Kulturlandschaft sprechen. Eine solche ›Schlüsselart‹ aus Sicht der wissenschaftlichen Ökologie liegt immer dann vor, wenn ihr Vorkommen zur Definition eines Ökosystems oder natürlichen Lebensraumes herangezogen werden kann, weil es das gesamte Ökosystem beeinflusst. Ist der Feldhase eine solche Spezies, die wir als Schlüsselart einer vielfältigen Kulturlandschaft definieren dürfen, die sie gar als nachhaltig ausweist? Ist dann der inzwischen selten gewordene Feldhase auch ein verlässlicher Anzeiger für ihre fehlende Nachhaltigkeit?

Max Josef Wagenbauer, Wild, Hasen und Kaninchen in einem Kohlgarten am Waldesrand, *1806. Kohlgärten waren im 19. Jahrhundert der bevorzugte Speisetisch insbesondere der Hasen und Kaninchen. Wenn der Kleinbauer sie schoss, machte er sich der Wilderei schuldig.*

Ursprünglich stammt unser Feldhase aus den südlichen Steppen Eurasiens, wo er die Eiszeit überlebte und sich mit der Sesshaftigkeit jungsteinzeitlicher Kulturen im Übergang zur Kupfer- und Bronzezeit vor ca. 4000–5000 Jahren, also lange nach Hund und Katze, dem landbebauenden Menschen nach Westen hin anschloss. Doch im Gegensatz zu Hund und Katze, die schon bald in Haus- und Hofgemeinschaft mit dem Menschen lebten, kam er ihm nie näher als bis in die Rodungsinseln rund um ihre Siedlungen, aus denen sich in späteren Jahrtausenden unsere Kulturlandschaft formte. Inwieweit ihn schon damals die reale Gefahr, bei zu großer Nähe zum Menschen letztendlich im Fleischtopf zu landen, veranlasste, sichere Distanz zu wahren, wissen wir nicht, können es aber vermuten. Denn überall, wo Wildtiere auf Menschen trafen, war ihre Beziehung von purer Angst und wachsendem Fluchtverhalten geprägt. Diese Angsterfahrung entfaltet nachweislich einen Selektionsdruck durch die Anwesenheit des Menschen. Tiere, die vom Menschen verfolgt und gejagt werden, werden allmählich immer scheuer, als sie es vor der Begegnung von Natur aus einmal waren.

In den Gebirgen und den damals noch vorhandenen Resten waldfreier Tundren und Moore traf der Feldhase auf einen nahen Verwandten, den heute weniger gefährdeten Nordischen Schneehasen, den er allerdings allmählich in den Norden verdrängte. Er ist eine Reliktart der Eiszeit und durch sein weißes Winterkleid im Schnee hervorragend gegen seine Feinde geschützt. Als Alpenschneehase ins Hochgebirge verdrängt, gilt er als Unterart des Nordischen Hasen, der in Ostpreußen vereinzelt noch bis zum Ende des 19. Jahrhunderts vorgekommen sein soll. Der Feldhase verdrängte ihn aber kontinental in immer höhere Gebirgslagen auf heute über 1800 m Meereshöhe, wobei ihm der Klimawandel zu Hilfe kommt. Zwar scheinen sich beide miteinander zu kreuzen, doch sollen ihre Nachkommen unfruchtbar bleiben. Die Bezeichnung ›Schneehase‹ sagt damit sein Ende in schneefreier Zukunft voraus, denn sein weißes Tarnkleid wird für ihn in schneefreien Wintern zur großen Gefahr durch umso größere Auffälligkeit für seine Feinde. Die Tage der letzten, nur rund 3 kg schweren, sauber herausgeputzt wirkenden Alpenschneehasen sind darum in unseren Breiten wegen des Klimawandels gezählt.

Überall dort, wo wie in der spätmittelalterlichen Wüstungsphase viele Siedlungen in ackerbaulichen Problemlagen wieder aufgegeben und zu Wald wurden, verschwand mit ihnen auch der Feldhase wieder. In Vorzugslagen jedoch, in denen die bodenbiologischen Voraussetzungen von Natur aus für Getreideanbau und Kräutervielfalt besonders gut waren, z. B. auf Schwarzböden über Löss wie in der Magdeburger und der Soester Börde, dem Mainzer und Wiener Becken, in den Marschen oder am Niederrhein, ermöglichte die sich ausbreitende Kultursteppe dem Hasen, äußerst fruchtbar und zahlreich zu werden. Diese Regionen sind wegen ihrer ackerbaulichen Vorteile schon seit Langem komplett entwaldet. Wohl deswegen kann man in der Fachliteratur lesen, es bestünde ein unmittelbarer Zusammenhang zwischen dem Vorkommen von Hasen und dem Bewaldungsprozent einer Kulturlandschaft. Doch dieser nur scheinbare Zusammenhang ist komplizierter, als er sich oberflächlich aufdrängt, nämlich rein statistischer Natur.

Es ist kein Zufall, dass besonders fruchtbare und deshalb waldfreie Agrarlandschaften noch immer am dichtesten mit Hasen besiedelt sind, während sie anderswo immer seltener werden. Deswegen wird in vielen für den Landbau ungünstigen Regionen gefordert, Feldhasen auf die Rote Liste zu setzen – bei allerdings unverändertem Bewaldungszustand. Die Besiedlungsdichte des Feldhasen ist vielmehr ein aussagekräftiger Weiser für die Nachhaltigkeit unserer Landnutzung. Ein nicht repräsentativer Beispielsvergleich zeigte erst vor wenigen Jahren die auf den ersten Blick sich widersprechenden Ergebnisse: Die von Natur aus waldfreien Steppenlandschaften Südrusslands und Kasachstans, aus denen er stammt und wo er heimisch ist und von wo aus er nach Europa einwanderte, weisen nur 4 Hasen je Quadratkilometer auf; eine reich gegliederte, ackerdominierte Kulturlandschaft im Kanton Basel auch nur 5; eine fruchtbare Bördelandschaft in Hessen mit Ökolandbau und ohne jede Bekämpfung des von Jägern so genannten Raubzeugs wie Ratten, Marder, Waschbären oder Greifvögel, die dem Friedwild gefährlich werden können, immerhin 40 Individuen; eine ausgeräumte und agrarindustriell genutzte Getreideregion mit riesigen Ackerschlägen im Wiener Becken sogar 91 sowie eine Nordseeinsel ohne jede Bejagung mit natürlicher Dünenlandschaft unter Naturschutz sogar 100 Feldhasen je Quadratkilometer. Ein verwirrender Befund, der sich allerdings durch den Blick in die Agrargeschichte auflösen lässt.

Wie gesagt, braucht der Hase eine reiche Palette fetthaltiger Kräuter, obwohl er sich im Winter und Frühjahr gut von den Wintersaaten des Getreides und der Ölfrüchte ernähren kann. Sommers leidet er in der Kulturlandschaft ohnehin bis zum Zeitpunkt, an dem die Felder abgeerntet werden, keinen Hunger. Dennoch hat er eindeutige Vorlieben, zu denen vor allem – wie oben schon mitgeteilt – die Blüten und reifen Samenköpfe des Löwenzahns und des Mohns gehören, aber nicht nur die. Den reich gedeckten Tisch, von dem der Feldhase träumt, hat der Maler Hans Hoffmann (1530–1591/2) mehrfach in seinen Gemälden dargestellt. Auf den Spuren Albrecht Dürers malte er ihn in derselben Körperhaltung, aber nicht herausgelöst aus seinem Lebensraum, sondern umgeben von schmackhaften Kräutern. Das in dieser Hinsicht eindrücklichste Gemälde stammt aus dem Jahre 1582 und gibt ein saftiges Weideland in seiner kulturell bedingten Üppigkeit zur späten Frühjahrszeit

Hans Hoffmann, Hase inmitten von Blumen, *1582. Ein Schlaraffenland. Hoffmann malte ihn mit panisch aufgerissenen Augen erkennbar nach Vorlage, vermutlich einem toten Tier.*

wieder. Die Pupillen des Hasen sind indessen deutlich vergrößert und zeigen seine Anspannung unmittelbar vor der Flucht im Gegensatz zu Dürers Hasen. Hoffmann hatte ihn sich offenkundig nicht vertraut gemacht und porträtierte ihn in seinem bevorzugten, intensiv belebten Kulturlebensraum in Fluchtanspannung. Es kribbelt und krabbelt allenthalben und man meint, das Summen der Insekten zu hören. Sein *Hase inmitten von Blumen* ist eine echte Herausforderung für jeden, der das Pflänzchengewirr wie das tierische Gewimmel darin bestimmen möchte.

Es besteht offenkundig ein linearer Zusammenhang zwischen der Besiedlungsdichte von Feldhasen und der biogenen Fruchtbarkeit einer Agrar- oder Kulturlandschaft sowie einer Reihe weiterer Kulturqualitäten. Sie sind bei näherem Hinsehen sämtlich Kriterien einer ökologisch nachhaltigen Bewirtschaftung, wie sie Hoffmann in Nahaufnahme eingefangen hat, ohne schon zu wissen, wofür sie heute stehen. Zu einem Zeitpunkt, als der Hase begann, diesen Vorzugslebensraum als sein Kulturparadies allmählich in Besitz zu nehmen.

Als förderliches Kriterium für seine Besiedlungsdichte wird heute der Anteil an Brachen in der Kulturlandschaft identifiziert. Doch das bedarf ebenfalls der agrarhistorischen Korrektur, denn dieser Anteil war bis etwa 1750 über viele Jahrhunderte extrem hoch, gleichwohl gab es bis ins 18. Jahrhundert nur einen allmählich ansteigenden, dann aber plötzlich explodierenden Besatz an Feldhasen. Es handelte sich bei den damaligen Brachen bis in die zweite Hälfte des 18. Jahrhunderts vorwiegend um sogenannte Schwarzbrachen, also unbestellte Ackerschläge, und um locker mit Bäumen bestandene Huteweiden und Hutewälder. Letztere dienten der sommerlichen Viehweide und verkümmerten allmählich, vergleichbar den nahrungsarmen, dünn mit Feldhasen besiedelten Steppen im südlichen

Eurasien, ihrer natürlichen Heimat. Der auf dem Rest der Rodungsflächen über Jahrhunderte dominierende Getreideanbau, den sie grundsätzlich zu lieben scheinen, verarmte bodenbiologisch und wurde kontinuierlich humusärmer. Die verbreitete Dreifelderwirtschaft ließ darum jedes Jahr etwa ein Drittel der Ackerfläche als Schwarzbrache unbeweidet liegen, um dieser Tendenz entgegenzuwirken. Das konnte aber den Ausmergelungsprozess durch den über Jahrhunderte fortgesetzten Getreideanbau nicht annähernd ausgleichen. Jagdliche Übernutzung oder mangelnde Raubzeugbekämpfung waren sicher nicht die Gründe für die erst lange Zeit danach zunächst allmählich, dann aber immer rascher ansteigenden Hasenpopulationen.

Es waren die ab Mitte des 18. Jahrhunderts einsetzenden Agrarreformen, die den Prozess auslösten und dem Hasen wie gleichzeitig seinen Feinden zugutekamen. Spätestens ab dann galt der Hase als Fruchtbarkeitssymbol der Agrarlandschaft und verwandelte sich im Volksbrauch zum Osterhasen. Aus der Dreifelderwirtschaft entwickelte sich eine Mehrfelderwirtschaft mit bebauter Brache und schließlich eine Fruchtwechselwirtschaft insbesondere mit Hackfrüchten wie Rüben, Kartoffeln und Zuckerrüben. Das nach der Ernte liegen bleibende Blattgrün der Hackfrüchte war eine willkommene Boden-Gründüngung. Aus den Schwarzbrachen und Huteweiden wurden mit Leguminosen, insbesondere Rotklee, bestellte Blattbrachen, die den über Jahrhunderte immer weniger vorhandenen Wachstumstreiber Luftstickstoff wieder allmählich in den Boden brachten. Entsprechend verringerte sich der Anteil der Brachen zugunsten der Ackerflächen, insbesondere für den Getreideanbau, erheblich. Dieser nahm allein im 19. Jahrhundert um fast 100 % seiner

Fläche zu, um die in dieser Zeit sich um das Vierfache vermehrende Bevölkerung ernähren zu können. Die Brachen verringerten sich darum bei deutlich ansteigenden Hasenpopulationen gleichzeitig um etwa die Hälfte. Erstaunlicherweise ging dieser Flächenzuwachs an Getreidefeldern kaum zulasten des Waldes, aber umso mehr zu Lasten des sogenannten Unlandes, nämlich der Brachen und der Moore, sowie insbesondere der sogenannten Gemeinheiten. Letztere waren die der lokalen Landbevölkerung zur gemeinsamen Nutzung zustehenden, meistens degradierten Huteweiden und Hutewälder, die allmählich aufgeteilt und dem subjektiven Eigentum des jeweiligen Bewirtschafters zugeschlagen wurden. Die gleichzeitige Beendigung der Waldnebennutzungen wie ›Streurechen‹, also das systematische Sammeln von Moos und abgefallenem Laub mit dem Rechen, wie die Waldweide oder die ›Plaggen-Nutzung‹, bei der sogar ein Stück des Oberbodens herausgestochen und zur Stalleinstreu weggeschafft wurde, begünstigte diese Entwicklung zum nachhaltigen Ackerbau. Mit diesen Nebennutzungsverboten wurde einerseits eine sommerliche Weidehaltung auf saftigem Grünland gefördert und andererseits eine schonende Grünlandwirtschaft zur Heuerzeugung für die winterliche Viehhaltung unerlässlich. Das führte zu einer erheblichen Ausweitung der Stalldung-Produktion, die wiederum als biogener Dünger den Ackerböden zugutekam. Im Endeffekt entstand aus heutiger Sicht eine vorbildliche biologische Kreislaufwirtschaft.

Diese Entwicklungen begünstigten das, was später für fast 150 Jahre als landwirtschaftlicher Vorbildbetrieb galt, nämlich der bäuerlich familiäre Kreislauf-Mischbetrieb mit gemischter Viehhaltung von Schwein und Rind, Futtermittel-Eigenproduktion, reich gegliedertem Feldfrucht-Anbau, Grünlandwirtschaft und Dauerweide, Stallhaltung und Stallmistdüngung. Dieser Mischbetrieb in Familienhand, der sich in Kontinentaleuropa als Standard bäuerlicher Landwirtschaft durchsetzte, begründete erstmals in der Agrargeschichte den bescheidenen ländlichen Wohlstand einer riesigen Zahl von Kleinbauern. Sie stellten 1882 mit ca. 4 Millionen Betrieben (< 20 ha) das Gros der rund 4,3 Millionen Agrarbetriebe Deutschlands. Gemessen an unserer heutigen Vorstellung von Wohlstand sicherte das allerdings gerade mal ihre Existenz, d. h. nicht länger hungern zu müssen wie in den Jahrhunderten zuvor. Trotz der Vervierfachung der Bevölkerung im selben Zeitraum bewahrte das die verarmte Landbevölkerung vor den zuvor stets wiederkehrenden Hungersnöten, die sie über Jahrhunderte immer wieder dezimierten.

Und nicht zuletzt erblühte die so kultivierte Natur in einer vorher nie gekannten Fülle und Pracht. Es ist deshalb kein Zufall, wenn Ornithologen die Mitte des 19. Jahrhunderts als die Zeit bezeichnen, die an Singvögeln die reichste in der europäischen Landschaft war, denn wie der Feldhase sind auch sie meistens Kulturfolger. Nur wenigen Naturschützern ist bewusst, dass sogar die Vielfalt unserer blühenden Pflanzen, Kräuter, Gräser und Sträucher, die wir heute als natürlich und selten ansehen, ebenfalls durch diese kulturelle Entwicklung gefördert wurde. Das gilt erst recht für die gesamte, von der Pflanzenvielfalt abhängige Tierwelt, insbesondere für die Insektenvielfalt. Es war eine ganze Palette dieser agrarkulturellen Vorteile wie der intensive Fruchtwechsel mit Hackfrüchten, die kleinen Feldgrößen, die zersplitterten Besitzstrukturen mit

Hasen im abendlichen Haferfeld, *Sir Harry Johnson, London 1902. So sahen bis in die 60er Jahre auch in Deutschland die abgeernteten Felder aus.*

ihren Gehölzbegrenzungen und Feldgehölzen, das rege Mosaik an Blattbrachen, Dauerweiden und Grünland sowie vieles mehr, was dem Hasen sein regelrechtes Schlaraffenland erschuf. Sie vermochten dieses so bereicherte Kulturland spontan mit ihrer genetisch bedingten Vermehrungsrate wesentlich intensiver zu besiedeln als ihre kargen heimischen Steppenlandschaften. Und wie jeder weiß folgt einer stark anwachsenden Zahl von Beutetieren immer auch eine vielfältige Schar von Beutegreifern, die ihnen nach dem Leben trachten, was die Jäger bis heute glauben lässt, das Raubzeug stärker bekämpfen zu müssen.

Beklagen wir also den galoppierenden Schwund unserer Arten, trauern wir im Grunde einer verlorenen Landkultur hinterher, die unsere Vorstellung von Heimat maßgeblich prägte. Da wir aber nicht die wenigen verbliebenen Landwirte zu folkloristischen Museumslandwirten umschulen und verlorene Dorfkultur auf ein Wohlstandsniveau rückentwickeln können, das wir heute als Verarmungsstufe vorindustrieller Subsistenz bezeichnen müssten, liegt die Lösung des Problems nicht in einem großen Schritt rückwärts zu einer Bewirtschaftung wie im 19. Jahrhundert. Sie liegt vielmehr in einer avantgardistischen Agrarpolitik, die die gesellschaftlichen Bedürfnisse im Klimawandel mit unserem heutigen biologischen und technischen Wissen aufgreift und eine Kultur begleitende ›neue Natur‹, d. h. die eines ›neuen Kulturparadieses‹, konzipiert. Von diesem Anspruch sind wir in der agrarpolitischen Realität allerdings meilenweit entfernt – aber nicht nur dort, sondern auch im Verständnis des Naturschutzes, der auf eine agrarhistorische Museumslandschaft fokussiert bleibt.

Der Hase ist nicht nur ein liebenswertes Zufallsergebnis eines im 19. Jahrhundert vom Landwirt erschaffenen Kulturparadieses, er steht darüber hinaus für die Freiheit der Bauern, die sie in dieser Zeit nach Jahrhunderten feudaler Abhängigkeit errangen. Parallel zur agrarischen Entwicklung lösten sich bereits vom Anfang des 18. Jahrhunderts an allmählich ihre grundherrlichen und personenrechtlichen Abhängigkeiten von den feudalen Dienstherren auf. Dieser Prozess wurde maßgeblich durch die Agrarreformen des ›Alten Fritz‹ in Preußen eingeleitet und vorangetrieben. Vom letzten Drittel des 18. bis zur Mitte des 19. Jahrhunderts wird darum in der Agrarsoziologie und -geschichte sogar von der ›Bauernbefreiung‹ gesprochen. Sie bestand nicht nur in der Aufhebung der Erbuntertänigkeit in Preußen, sondern auch in der Abschaffung sämtlicher Frondienste. Die verschiedensten Formen der vom Adel abhängigen und eingeschränkten Besitzrechte wurden zu kleinbäuerlichem Volleigentum an Grund und Boden umgewandelt. Gleichzeitig wurden die Kleinbauern von den darauf liegenden, sogenannten Reallasten befreit, durften also fortan die Erträge ungeschmälert selbst behalten oder vermarkten. Ostelbisch führte diese Entwicklung gleichzeitig zum Erstarken der großen Gutswirtschaften, die für einige Jahrzehnte goldenen Zeiten entgegengingen, was mit ihren in der DDR-Zeit zerfallenden Guts- und Herrenhäusern heute als drückende Denkmalslast mit rund 2000 Objekten allein in Mecklenburg-Vorpommern zu bewundern ist. Insgesamt lässt sich das 19. Jahrhundert darum als ein reichsweites Aufblühen des ländlichen Raumes darstellen, das sich nicht nur in der neu gewonnenen Freiheit der Bauern und dem Wohlstand großer Güter mit ihren prächtigen Herrenhäusern zeigte, sondern auch in einer nicht zuletzt sich insgesamt verbessernden, biogenen Bodenfruchtbarkeit bei erheblich ansteigenden Erträgen je Hektar.

Natürlich legte diese Entwicklung auch die Saat späterer Fehlentwicklungen bis in unsere Zeit. Die Stufen bis zum heute allseits beklagten Zustand unserer industriellen Agrarlandschaft können wie folgt beschrieben werden: Es waren zunächst die großen Betriebe, vor allem die der Gutswirtschaften, die ab Mitte des 19. Jahrhunderts die Großfelderwirtschaft und spätere Hochmechanisierung zunächst mit Dampfmaschinen und mechanischen Gespann-Anbaugeräten zur systematischen

Steigerung der Arbeitsproduktivität einleiteten. Sie benötigten im zweiten Schritt in größerem Umfang betriebsfremde Düngemittel. Diese standen spätestens mit dem Haber-Bosch-Verfahren ab 1910 zur Produktion synthetischen Stickstoffdüngers aus industrieller Erzeugung zur Verfügung. Die später einsetzende Hochmechanisierung machte sowohl tierische wie menschliche Muskelkraft fast überflüssig. Diese Entwicklung wurde durch die Konversion der Rüstungswirtschaft nach dem Zweiten Weltkrieg deutlich beschleunigt. Wo vormals Kettenfahrzeuge produziert wurden, verließen später Ackerschlepper die Fabrikhallen.

Eine entsprechende Konversion lässt sich ebenfalls für die chemische Industrie hin zur Massen-Produktion von Agrarpestiziden ab 1945 belegen. Die vorletzte Stufe der heute beklagten Fehlentwicklung war die Orientierung der deutschen und europäischen Agrarpolitik am Grundsatz des *Wachse oder Weiche!* Er führte gewollt zu riesigen Ackerschlägen, die inzwischen mit schwersten Maschinen bearbeitet werden. Hasen, die in dieser verarmten Kultursteppe überleben, verlieren seitdem in den wenigen Stunden der Ernte ihren gesamten, ohnehin extrem einseitigen Lebensraum und müssen ihn verlassen, um nicht auf offenem Feld zu verhungern. Nicht selten sind unerfahrene Junghasen sogar unmittelbar grausam zerstückelte Opfer dieser rasant und effektiv arbeitenden Monstermaschinen oder ihrer Feinde auf offenem, abgeernteten Feld.

Der vorläufige Schlussakt dieser Lebensraumzerstörung unserer Hasen ist die sich seit 1974 ausbreitende Manie, vollflächig systemisch wirksame Herbizide, namentlich auf Basis des Glyphosats, einzusetzen. Die konventionellen Betriebe bringen seitdem das jedermann bekannte Breitbandherbizid mit dem Handelsnamen *Round-up* auf ihren Felder aus, wohl wissend, wie es wirkt: Es tötet sämtliche Beikräuter der Feldfrüchte und verarmt so unsere Kulturlandschaft wie nichts zuvor. Die ehemals mechanischen Standardverfahren, mit denen das Beikraut reguliert wurde, wichen dem lukrativen Geschäft mit den Herbiziden. Arbeitskosten wurden durch Kapitalkosten ersetzt, wie zuvor schon durch den Einsatz großer Maschinen, sowie durch die seit dem Ersten Weltkrieg kontinuierlich steil anwachsende Verwendung von betriebsfremden Düngern.

Die Vernichtung des Beikrauts entzog nicht nur den Hasen, sondern auch den Bienen, Schmetterlingen, Insekten und damit auch den Lurchen, Singvögeln und vielen kleineren Pflanzen- und Insektenfressern wie Kleinsäugetieren die Lebensgrundlage. Hergestellt wird das Breitbandherbizid von der amerikanischen Firma Monsanto, die sich inzwischen in der Hand des früher wegen seiner pharmazeutischen Produkte geachteten deutschen Vorzeigekonzerns Bayer AG befindet. Monsanto wie Bayer behaupten zwar, *Round-up* sei nachweislich nicht cancerogen, also ungefährlich für uns Menschen, doch seine katastrophale und ethisch unverantwortliche Wirkung liegt eben in der totalen Vernichtung sämtlicher Beikräuter, also des Kulturparadieses unserer Hasen. Es ist wenig tröstlich, dass eine schleichende, direkte Vergiftung unserer Hasen durch Agrarpestizide bislang nicht nachgewiesen werden konnte. Tatsächlich ist ihr drastischer Rückgang eine Folge gezielter Lebensraumvernichtung im Dienst wachsenden Kapitaleinsatzes in der Landwirtschaft auf Kosten natürlicher Bodenfruchtbarkeit.

James Lynch zeigt den springenden Dreiläufer in einer, in der Mitte der 70er Jahre auch bei uns noch ausreichend gegliederten Kulturlandschaft.

Diese Agrarherbizide sind der vorläufige Schlussakt des *Wachse oder Weiche*. Nichts an der verfehlten EU-Agrarpolitik ist verstörender und unmoralischer als die vormals rechtliche Zulässigkeit dieser Umweltherbizide. Sie markieren auch den Tiefpunkt der verlogenen Agrarpolitik der beiden Volksparteien, die in den vergangenen 45 Jahren das Agrarressort in Deutschland verantworteten. Die deutsche Übersetzung von *Round-up* verrät, was seine Erfinder im Auge hatten: Rundumschlagen oder Zusammenschlagen.

Der Zusammenhang zwischen den Hasenbeständen und den Veränderungen in der jüngeren Agrargeschichte ist statistisch zu belegen. Punktuelle Jagdstreckenergebnisse als ihr aussagefähigster Beleg weisen eine über Jahrhunderte allmähliche, dann aber umso deutlichere Steigerung im gesamten 19. Jahrhundert nach. Parallel stiegen die Felderträge wegen zunehmender biologischer Bodenfruchtbarkeit. Dieser Trend setzte sich bis zum Ende des Ersten Weltkriegs fort. Erst als synthetische Dünger in Massen zur Verfügung standen, um die Ertragskraft weiter zu steigern, begannen die Hasenbestände mit lokalen Schwankungen bis etwa zur Mitte der 70er Jahre zu stagnieren. Bis in die 70er Jahre stieg die Jahresstrecke an Hasen im Westen der BRD sogar noch auf rund 2 Millionen an. Erst nach 1974, also dem Jahr der Markteinführung von *Round-up*, begannen die Hasenbestände ausweislich der Jahresstrecken erstmals deutlich einzubrechen. Sie haben sich seitdem nie wieder erholt. Der Rückgang hält mal mehr, mal weniger deutlich an und hat sich seit der Jahrtausendwende von einem bereits bedenklich niedrigen Niveau auf nur noch rund 200 000 erlegte Hasen reduziert. Vergleicht man das mit den jährlichen Hasenstrecken des Deutschen Reichs in den ersten Jahrzehnten des 20. Jahrhunderts mit rund 3 Millionen oder mit den 2 Millionen allein im Westen der BRD zu Anfang der 70er Jahre, wird der bedrohliche Niedergang ihres Kulturlebensraumes überdeutlich. Zumal ähnliche Entwicklungen sich für andere Kulturfolger wie das Rebhuhn, die Schnepfen, die Fasane, die Wachteln und Kaninchen, also im Grunde für sämtliche nutzbaren Niederwildarten unserer Kulturlandschaft nachweisen lassen.

Dünger, Herbizide und Großmaschinen ersetzten die biologische Bodenfruchtbarkeit durch Kapitaleinsatz, führten also zur Abhängigkeit der bäuerlichen Betriebe vom Fremdkapital. Diese verhängnisvolle Knebelung wurde im Westen beginnend in den 60er Jahren mit den milliardenschweren Programmen zur Flurbereinigung und Aussiedlung der Höfe eingeleitet und wirkte sich deswegen nur allmählich auf die Habitat-Eigenschaften der Kulturlandschaft aus. Im Osten Deutschlands, wo das Kapital für einen exzessiven Düngemittel- und Pestizideinsatz nicht vorhanden war, wurde die Erhöhung der Arbeitsproduktivität durch die Zwangskollektivierung erreicht.

Sie wurde im Gegensatz zum Westen auf den Feldern durch die genossenschaftliche Zusammenlegung zu riesigen Ackerschlägen ohne jede Gliederung durch Baum und Strauch prompt wirksam. Sie existieren bis auf den heutigen Tag und werden von den Nachwende-Agrargenossenschaften weiter bewirtschaftet. Die größte und letztlich entscheidende Kollektivierungswelle erfolgte 1960, also in dem Jahr, in dem laut offizieller Streckenliste der DDR die Hasenbestände zusammenzubrechen begannen – und damit rund 15 Jahre früher als in der BRD zum Zeitpunkt der Einführung von *Round-up*.

Der Feldhase wurde damit im Osten wie im Westen agrarsoziologisch zum Zeitzeugen eines freien, selbstständigen Bauerntums – oder umgekehrt zum Menetekel seines Freiheitsverlustes.

Krummer

Dass mein Vater einerseits sehr streng und autoritär und andererseits aus heiterem Himmel sehr großzügig und nachgiebig sein konnte, erfuhr ich nicht zuletzt auch an meinem achten Geburtstag 1955. Im Alltag waren wir Kinder ihm eher hinderlich, doch nun rief er mich nach der Schule zu sich ins sogenannte ›gute Wohnzimmer‹ und gratulierte mir, griff hinter die Tür und holte eine Repetierbüchse hervor. »Damit Du, sobald Du einmal groß bist, mit auf die Jagd gehen kannst!«, sagte er, während ich mit ungläubigem Blick auf die Remington 222 in seiner Hand starrte, eine Kugelbüchse der Marke Anschütz für die Pirsch oder Ansitzjagd auf Nieder- bis einschließlich Rehwild, die natürlich schon damals waffen- oder jagdscheinpflichtig war. Das Kaliber war eine amerikanische Neuentwicklung und mit hoher Geschossgeschwindigkeit bei einem leisen Schuss ohne spürbaren Rückschlag. Sie kostete mit dem fest aufmontierten Zielfernrohr seinerzeit ein kleines Vermögen und fiel deswegen auch in dieser Hinsicht als Geburtstagsgeschenk für einen gerade Achtjährigen vollkommen aus dem Rahmen. Der sofort eingelegte Protest meiner Mutter endete schließlich in Ratlosigkeit.

Mein Vater erklärte mir ausführlich, wie man das Gewehr hält, ohne jemanden zu gefährden, wie man es lädt oder das Schloss herausnimmt und den Lauf nach der Jagd putzt. Noch heute kann ich jedes seiner Worte wiederholen, denn ich war

Joachim von Sandrart (1606–1686), Heimkehr von der Jagd. *Zufrieden blickt der junge, wohlhabend gekleidete Edelmann auf Hunde und Beute. Das Bild zeigt das zahlreiche Flugwild aus einem naturreichen Kulturparadies, in dem der Hase noch selten war.*

meinem Traum vom großen Jäger ein gewaltiges Stück nähergekommen und in seinem regelrecht der Jagd verfallenen, gutsituierten Umfeld auch unter den wohlhabenderen Fabrikantensöhnen der einzige, der schon lange, bevor er die Jagdschein-Prüfung absolvieren durfte, ein Gewehr sein Eigen nannte. Weshalb ich vor Stolz mehrere Abende lang nicht einschlafen konnte und in der Schule wegen der dadurch angestachelten Tagträume ab dann gar nichts mehr mitbekam. Zwar hatte mir mein Vater verboten, das Gewehr ohne seine Aufsicht aus dem Schrank zu nehmen, und gesagt, ich müsse mit 16 Jahren zunächst die Prüfung zum Jugendjagdschein ablegen, bevor ich damit in seinem Revier allein losziehen dürfe, aber ich ahnte, dass er das nicht lange durchhalten würde, weil er zwar hart sein konnte, aber in gewisser Weise auch genauso inkonsequent war. Fortan ließ ich nicht mehr locker, wenn er freitags begann, seine Vorbereitungen zur Jagd zu treffen. Und tatsächlich dauerte es nicht lange, und meine Mutter schmierte nicht nur meinem Vater, sondern auch für mich die ›Hasen-Bütterchen‹ genannten Sandwiches für die Wochenendfahrten in sein Revier nach Berge bei Medebach.

Erst mehr als 20 Jahre später, als ich selbst schon Vater eines dreijährigen Sohns und Student der Forstwissenschaft war, fragte ich ihn, wie er eigentlich damals auf die Schnapsidee gekommen war, mir im Grundschulalter ein Gewehr zu schenken. Unverhofft ehrlich antwortete er, meine Verliebtheit in Hansi und Fritzchen hätten ihn daran zweifeln lassen, mich später noch für die Jagd begeistern zu können. Darum habe er die beiden eines Morgens kurzerhand einem seiner Bierfahrer geschenkt, der sich über den Sonntagsbraten sehr gefreut und ihm höchste Verschwiegenheit mir gegenüber zugesichert habe. Das hätte ihn auch auf die Idee gebracht, meinen Traum vom großen Jäger noch weiter anzustacheln und mit der Repetierbüchse zu festigen. Sein spätes Geständnis machte mich zum einen ratlos, weil sein Plan aufgegangen war, zum anderen aber auch noch 20 Jahre später erneut ein wenig traurig über den damaligen Verlust meiner beiden Stallhasen.

Tatsächlich erlegte ich im Alter von zehn Jahren mit diesem Gewehr vom Hochsitz aus meinen ersten Feldhasen – verbotenerweise und in der sommerlichen Schonzeit, doch diese Untat hatte ihre Vorgeschichte:

Die Jagdzeit auf Hasen begann damals wie heute am 16. Oktober. Vor und nach der großen Treibjagd am Buß- und Bettag, dem für uns Kinder mit Abstand größten Jagdereignis im Revier meines Vaters, fuhr er mit seinen engsten Jagdfreunden regelmäßig zum ›bewaffneten Klüngeln‹, so nannte er das, »um den ein oder anderen Krummen«, also Hasen zu erlegen. So war es auch in jenem Jahr 1955, als ich bei ungünstigem Wetter, bei dem die Hasen sich unter dem Wind in ihre von den Jägern ›Sasse‹ genannte Kuhle drücken, mitfahren durfte. Wir wollten als sogenannte ›Schneider‹ wieder nach Hause fahren, als die sich Jäger nach einer erfolglosen Jagd selbst bezeichnen. Doch am Ortsausgang des verschlafenen 100-Seelendorfes Berge sah mein Vater auf einem frisch umgebrochenen Stoppelacker hangaufwärts einen Hasen den Kegel machen. In dem Augenblick aber, in dem er auf dem Wagendach anlegte und schoss, war der Hase plötzlich verschwunden. »Der hat den Schuss, hol ihn! Schnell! Mutter wird sich über den ersten Hasen dieses Jahres freuen!« Als meine Schuhe auf dem

Weg über den Stoppelacker immer mehr zu lehmigen Klumpen wurden, machte ich einen kleinen Umweg über einen Grasweg, ohne zu wissen, dass der Wind gegen mich stand. Auf der vermuteten Höhe des Hasen ging ich nach links und näherte mich ihm, ohne ihn sehen zu können. Ich wollte meinem Vater schon zurufen, da sei nichts zu sehen, als ich den Junghasen plötzlich einen Schritt vor mir Ton in Ton, mit angelegten Löffeln und aufgerissenen Augen, sich zwischen zwei Furchen drückend, erkannte. Ich schrie meinem Vater zu, der Hase sei gesund! »Greif ihn an den Löffeln und lass ihn ja nicht entkommen!«, kam es erregt zurück. Der ›Dreiläufer‹ starrte mich bebend an wie einen blutrünstigen Tiger. Voller Erinnerung an Hansi und Fritzchen ergriff ich beklommen und nicht weniger zitternd wie das zarte Wesen selbst seine Löffel. Im selben Moment ertönte ein gellender und jammernder Klageschrei der flauschigen, warmen Kreatur in meiner Hand, der mich erstarren ließ. Er war so herzerweichend und erinnerte mich an den erbarmungsvollen Schrei eines hilflosen Babys und ging durch Mark und Bein. Er vermittelte mir ein tiefes Schuldgefühl, selbst die Ursache dieses um Gnade bettelnden Hilfeschreis zu sein. Starr vor Schreck ließ ich den Hasen fallen. Wie von einer Sprungfeder angetrieben raste das Häschen quicklebendig und kerngesund mit riesigen Galoppsprüngen die Bergkuppe hinauf in den nahen Fichtenforst. In der Ferne hörte ich meinen Vater toben und befürchtete, nie wieder mit ihm zur Jagd fahren zu dürfen. Ängstlich stieg ich hinten in den Wagen ein und stieß schluchzend hervor, ich könnte das kleine Häschen einfach nicht mit der Hand und dem bei der Hasenjagd üblichen Genickschlag töten. Wider Erwarten beruhigte sich mein Vater schnell und auch das große Donnerwetter fiel zu meinem großen Erstaunen auf der langen Heimfahrt aus.

Er fragte vielmehr seitdem häufiger nach, ob ich ihn zur Jagd begleiten wolle, was ich immer freudig bejahte, vor allem weil mein geliebter Onkel Rudi und dessen Sohn Rudolf nun häufiger mit nach Berge fuhren. Mein vier Jahre älterer Cousin war schon bald von der Jagd so begeistert wie ich und wir durften sommers allabendlich immerhin mit einem Fernrohr bewaffnet auf einen der Hochsitze klettern, um den Jägern später zu berichten, ob die Rehböcke, die sich uns zeigten, sogenannte Abschussböcke waren. Eines Tages überraschte uns Vater mit der Nachricht, es sei so weit, wir dürften nun ausnahmsweise einmal beide einen Jungfuchs mit meiner Büchse erlegen. Er fuhr uns abends zu einer Ansitzleiter an einem rundum von Fichtenforsten umgebenen Kleeacker mit der strengen Weisung an meinen älteren Cousin, die Büchse erst auf dem Hochsitz zu laden.

Vor dem nur 70 Meter vom Sitz entfernten Fuchsbau tollten schon nach kurzer Zeit fünf in der Abendsonne rotgold glänzende Jungfüchse, und Rudolf erlegte an diesem Tag seinen ersten Fuchs. Das gleiche Jagdglück war mir am nächsten Abend vergönnt. Die Kugeln hatten jeweils die Vorderblätter als sogenannte Blattschüsse glatt durchschlagen und die Füchschen lagen regungslos und friedliche Ruhe ausstrahlend im rosaroten Klee. Es war keine sonderlich blutige Angelegenheit, sie strahlten in der Abendsonne, tot und wie schlafend daliegend, sogar eine Art ›verdiente‹ Ruhe aus. Unser aufkommendes Gefühl, schuldig an ihrem frühen Tod zu sein, entkräfteten wir uns wechselseitig mit der von erfahrenen Jägern häufig gehörten Entschuldigung, die Füchse würden nun keine unschuldigen

Hasen mehr fangen und hätten ja auch den Schuss nicht gehört und seien deswegen schmerzfrei gestorben. Wir durften also reinen Gewissens stolz sein, unser erstes Tier und noch dazu einen schlauen Fuchs erlegt zu haben. Als ich abends beim Gewehrputzen über den kühlen Lauf meiner Büchse strich, die mir diese Macht verliehen hatte, bekräftigten wir uns gegenseitig, dass das Leben eines Jägers eben darin bestünde, nach genauso strengen wie gerechten Regeln über Leben und Tod zu entscheiden. Und Füchse seien eben schlimme Junghasen-Räuber, denen der Tod gebühre. Mit dem Gefühl der Gerechtigkeit und dem Bewusstsein eines richtigen Jägers, schlief ich zufrieden ein.

Das zweite Kapitel dieser Geschichte sollte wenig später einem Hasen, meinem ersten, das Leben kosten. Einige Wochen danach, es mochte Ende Juli gewesen sein, sagte mein Onkel kurzfristig ab, mitzufahren. Also war ich mit den Jägern ohne meinen Cousin Rudolf allein. Vater wollte, dass ich deswegen ohne Büchse und nur mit dem Fernrohr bewaffnet ansitzen solle. Ich quengelte auf der einstündigen Fahrt ins Revier so lange, bis er nachgab. Ja, ich dürfe nun doch noch einen Jungfuchs schießen, sagte er – wohl mit dem Hintergedanken, dass die Jungfüchse schon längst nicht mehr bei der Fähe im Bau, sondern selbstständig auf Nahrungssuche unterwegs seien. Er setzte mich wie immer mit etlichen Ermahnungen an der Leiter ab, und tatsächlich wollten sich die drei zuvor noch übrig gebliebenen Jungfüchschen nicht mehr vor ihrem Bau zeigen. Sie waren erwachsen geworden. Stattdessen zeigte sich ein junger Hase auf dem Klee. Ich wollte nur trockene Zielübungen auf ihn machen, als mich ein unbändiges Gefühl der Macht ergriff und mich tatsächlich den Abzug drücken ließ. Der Hase flog im Schuss einen Meter hoch und war verschwunden. In diesem Moment wurde mir erst bewusst, dass ich ihn in der Schonzeit und unerlaubt geschossen hatte. Ich stieg zitternd vom Sitz. Als ich an den toten Hasen herantrat, lag er mit zerplatztem Kopf im Klee - diesmal eine ziemlich blutige Angelegenheit, was mich eigentümlicherweise kaum störte, denn die Angst vor meinem Vater verdrängte alles. Ich musste mich schnell fangen, denn er würde schon bald kommen, mich abzuholen. Meine Undiszipliniertheit war ein schlimmer Vertrauensbruch, den er nicht würde durchgehen lassen. Mir war klar, dass der tote Hase schnellstens verschwinden und mein persönliches Geheimnis bleiben musste. Also schmiss ich den kleinen Körper direkt hinter den Fuchsbau in die Fichtendickung, hoffend, dass die Füchse ihn finden würden. Als mein Vater mich mit dem Wagen abholte, spielte ich Enttäuschung vor, weil sich die Jungfüchse leider nicht gezeigt hätten und ich darum ›Schneider‹ geblieben sei.

Doch in mir war eine emotionale Veränderung eingetreten, denn Schuldgefühle dem Hasen gegenüber hatte ich eigentümlicherweise nicht. Vielmehr fand ich, das Problem ziemlich gewieft gelöst zu haben, und war sogar stolz, mich auf meine Schießkunst verlassen zu können. Und überhaupt sei man als richtiger Jäger, der ich wohl jetzt endlich geworden war, vor Fehlern nicht gefeit. Das wisse jeder echte Jäger, und es sei wichtiger, wenn sie denn geschehen, sie geschickt auszubügeln und daraus zu lernen. Sowieso sei der Jäger im Wald und auf weiter Flur mit seinem Tötungshandwerk meistens allein und müsse darum zwangsläufig mit unwiderruflichen, weil tödlichen Fehlern umzugehen lernen. Schließlich sei er der legitime

Mein erster Hase. *Originalzeichnung von Guido Hammer, 1860. Angespannte und ängstliche Aufmerksamkeit für das grausame Geschehen im Hintergrund lässt einen Hasen den Kegel machen. Der Spätromantiker Guido Hammer sieht das Tier aus dem Blickwinkel der Humanität.*

Herr über alles, was da fleucht und kreucht. Ein klein wenig wie Gott im Himmel, als Herr über Gut und Böse, über vererbungsfähig oder Abschuss notwendig, über Leben und Tod. Und Fehler passierten auf der Jagd eben immer wieder, dann beweise sich, wer ein richtiger Jäger sei.

Drei Jahre später wechselte ich zum Gymnasium und musste morgens schon um 5.45 Uhr aufstehen, um mit der Kleinbahn in die Kreisstadt zu fahren. Wir wohnten inzwischen im neuen Haus, das meine Eltern am Ortsrand unmittelbar am Friedhof erbaut hatten. Meine Mutter führte darum alsbald einen Kleinkrieg gegen die sich in unserem Ziergarten tummelnden Friedhofskaninchen, die ihre Rosen und Tulpen auffraßen. Vom Vater schaute ich mir schnell ab, die Tiere vom Treppenfenster aus auf kurze Distanz mit meiner leisen Büchse zu erlegen. Wofür auch unsere Nachbarn dankbar waren, weil sie Kaninchen, die zu Hause nicht auf den Tisch kamen, gern aßen und jene natürlich auch in ihrem Garten unerwünschte Fressgäste waren. Ich ging dazu über, morgens ein oder zwei zu erlegen und sie dem Nachbar vor die Haustür zu legen, bevor ich mich mit gestärktem Selbstbewusstsein auf den Weg zur Schule machte. Denn sicher hatte keiner meiner Mitschüler wie ich schon vor Schulbeginn erfolgreich gejagt, und ich genoss das Ansehen vor allem bei den Mitschülern aus Jägerfamilien, die mich darum beneideten, einmal sogar vier Stück erlegt zu heben. Längst waren für mich die Kaninchen wie später auch die Feldhasen zu anonymen Beutetieren geworden, die allein ihrer Zahl auf der Strecke nach bemessen wurden und in denen ich keine individuelle Kreatürlichkeit mehr erkennen konnte.

Mit 16 Jahren durfte ich die Prüfung zum Jugendjagdschein ablegen. Mein Vater schenkte mir aus diesem Anlass eine Beretta-Bockdoppelflinte, mit der ich fortan an den herbstlichen Treibjagden teilnehmen durfte, auf denen in den 60er und 70er Jahren im Sauerland noch 40–50 Hasen erlegt wurden. Der damals schon über 70 Jahre alte Alvis, der Jagdaufseher meines

Vaters, war Niederwildjäger durch und durch und ein ausgezeichneter Jagdpraktiker und Fallenjäger. Er hatte bereits vor dem Ersten Weltkrieg begonnen, sich als Fallenjäger und Jagdaufseher zu verdingen, weil er mit seiner kleinen Landwirtschaft kein Auskommen hatte. Für die beiden aneinandergrenzenden Reviere, für die er seitdem viele Jahrzehnte lang tätig war, gab es dank seiner sorgfältig geführten Kladde konkrete Daten und Aussagen über das Niederwild wie auch über die mitunter stark schwankenden Hasenstrecken. Er konnte nicht nur sicher nachweisen, dass seine jährlichen Raubzeug-Fangstrecken sich kongruent zu denen der Hasen entwickelten – woraus er schon damals den Schluss zog, dass das Raubzeug den Hasenbestand kaum zu limitieren vermag sondern auch, dass der statistische Zusammenhang eher umgekehrt zu deuten war: Gute Niederwildjahre bedeuteten stets auch viel Raubzeug.

Auch konnte er statistisch nachweisen, dass der Anteil der Junghasen auf der Jahresstrecke über viele Jahrzehnte zwischen 70 % und 90 % betrug: Je besser das Hasenjahr war, umso höher war der Anteil der Junghasen, die erlegt wurden. Da das Alter eines Hasen anhand des Knochengerüsts am toten Tier nur schwer auszumachen ist, schätzte er dieses anhand des Gewichts. Alle erlegten Hasen, die um 4 kg wogen, waren nach seiner Erfahrung weniger als ein Jahr alt und alle über 5 kg schweren Hasen mehrjährig, also Althasen. Er war der festen Überzeugung, dass die Dominanz der Junghasen nicht nur mit der im Herbst typischen, jugendlichen Hasenpopulation zusammenhängt, sondern auch mit der Erfahrung der Althasen, die sich im Kessel besser zu drücken wüssten als unerfahrene Junghasen, die sogenannten Dreiläufer.

Die übertreibende Darstellung eines Kesseltreibens bei einer Hofjagd in der Nähe von Berlin *zeigt, wie das Volk zum Jagdvergnügen des Hofes 1850 stand.*

Und tatsächlich fiel mir insbesondere bei den großen Kesseltreiben am Niederrhein auf, dass es immer wieder sichtbar größere Hasen verstanden, frühzeitig zu türmen, nämlich lange bevor sich die Schützen zu einem dichten Ring zusammenschlossen. Die dortigen Hasenstrecken von meist mehr als 120 Hasen kamen dadurch zustande, dass sich die Mehrzahl der Junghasen immer erst dann aus der Sasse aufschrecken ließ, wenn die Schützen bereits allzu nah waren und ihnen den sicheren Tod brachten. Andere blieben so lange unsichtbar in ihrer Sasse mit angelegten Löffeln hocken, bis die Schützenkette sich über sie hinwegbewegt hatte, und türmten dann erst und für die Flinten unerreichbar nach hinten weg. Das kommentierten die überraschten Schützen, die ihnen keinen Schuss mehr antragen konnten, mit Flüchen wie: »Der alte Schlaumeier hat sich mal wieder gedrückt.« Diese Früh- und Spättürmer erinnerten mich an Fausco, den alten Hasen in Saltens Hasengesellschaft, der ebenfalls mit allen Wassern gewaschen war. Überleben in der Jagdsaison bedeutet für Hasen offenbar, schon im ersten Lebensjahr Überlebenserfahrungen zu sammeln, denn tatsächlich können sie bis zu acht Jahre alt werden, und es ist keineswegs naturgegeben, dass sie nur als Halbstarke ihr Leben fristen müssen. Welche Folgen das für das Verhalten unserer Hasen und ihre soziale Lebensgemeinschaft hat, wissen wir, wie so vieles in der Jagdkunde, nicht. Der Hase ist zwar seit Jahrtausenden unser enger Kulturbegleiter, doch wir kennen ihn kaum als soziales und lernendes Wesen.

Von Alvis lernte ich auch, die im dichten Hasenfell verborgenen Geschlechtsmerkmale von männlichen und weiblichen Hasen sicher zu unterscheiden. Auf der Jagdstrecke war das Geschlechterverhältnis über lange Zeit seiner Beobachtungen stets ausgeglichen und variierte nur sehr wenig. Er lehrte mich auch nach der seinerzeit üblichen Methode, dem erlegten Hasen sprichwörtlich das Fell, die sogenannte Wolle, über die Ohren zu ziehen. Dazu hängt man ihn an den Hinterläufen auf und schärft sie innen auf, löst zunächst rundherum das Fell der Hinterläufe, zieht ihm dann die auf der Bindehaut nicht sehr fest sitzende Wolle wie eine Wurstpelle bis zum Hals herunter und schneidet den Kopf ab. Mich erstaunte immer, dass viele Hasen gar keine blutenden Wunden hatten. Die Schrote saßen häufig zwischen der Wolle und dem Muskelgewebe im äußeren

Bindegewebe. Sie waren also am Schock, einem Kreislaufzusammenbruch, gestorben und nicht an einer tödlichen Verletzung. Und tatsächlich braucht es häufig keine schwerwiegende Verletzung, damit der Hase im Schrotschuss ›rolliert‹, sich also beim Schuss wie von einem Schlag getroffen überschlägt. Notwendig ist dafür nur ein Treffer mit fünf bis 10 Schroten auf seinem möglichst seitlich getroffenen Körper, die den Schock auslösen und ihn praktisch schmerzfrei töten – nämlich im Sprunggalopp rollieren lassen. Das klingt zwar handwerklich und tierethisch perfekt, ist aber nicht garantiert. Treffen ihn die Schrote nur an den Gliedern oder von hinten mit schlechterer Verteilung der Schrote oder zerschmettern sie gar nur seine Läufe, müssen die Vorstehhunde den Tod herbeiführen. Dann erfolgt meist jener herzerweichende Klage- oder Hilfeschrei des sterbenden Hasen, der jedem, der ihn mit anhört, das Blut in den Adern gefrieren lässt, so wie ich es schon als Achtjähriger erlebte. Das sportliche, todbringende Rollieren bei der Kessel- oder Treibjagd wird von den Jägern mit großem Hallo begrüßt, was nicht darüber hinwegtäuscht, dass die Jagd für den Hasen eine blutige und grausame Angelegenheit bleibt und darum allen Nichtjägern unter die Haut geht.

Ich kenne viele erfahrene Jäger, die – wie ich – sich ihr Leben lang nicht mit dem Todesschrei des Hasen haben abfinden können und schlecht davon träumen. Jagd bleibt ein Tötungshandwerk, das der Jäger auf sich bewegende Beutetiere immer nur mehr oder weniger perfekt beherrscht und unter stets wechselnden, häufig erschwerten Bedingungen in der freien Natur ausübt. Die wenigsten Jäger sind Kunstschützen. Alle ihre Landbeutetiere sind zudem sozial lebende Kreaturen so-

Eine Einladung zur Jagd, Anfang der 50er Jahre. Der Schocktod im Sprunggalopp lassen das bereits tote Tier einen Purzelbaum schlagen.

wie hoch schmerzempfindliche Säugetiere, wie er selbst eines ist. Schmerzfreies Jagen ist illusorisch und ein beschönigender Selbstbetrug. Ganz zu schweigen von der zerstörerischen Wirkung jeder Kesseljagd auf das Sozialgefüge der Wildtierpopulation, die man am ehesten mit der sozialen Vernichtung einer Gesellschaft infolge eines Krieges vergleichen kann. Die Beziehungen der Hasen untereinander werden nicht nur durch den Tod zahlreicher Tiere einer gewachsenen Hasengesellschaft zerstört, sondern durch den Verlust der innerartlichen Dominanzhierarchie wie gleichzeitig ihrer ausgeprägt räumlichen Revierstruktur vernichtet. Eine Kesseljagd lässt meist nur wenige Individuen überleben, die sich neu und in einem meist neuen Revier sozial zusammenfinden müssen. Die Verwüstung des Sozialgefüges kann der Lesende bei Felix Salten aus Sicht einer jugendlichen Hasengesellschaft erleben. Er schildert eindrücklich, wie eine sich zögerlich wieder sammelnde, deutlich verkleinerte Junghasengemeinschaft, um eine traumatisch blutige Erfahrung reicher, allmählich lernen muss, sich in einer neuen Welt voller Gefahren wieder zu formieren. Dieser bittere Lernprozess währt allerdings in unserer ganzflächig bejagten Landschaft immer nur bis zum nächsten jagdlichen Kriegszug in längstens zwölf Monaten, wenn sie erneut zur Freude sportlicher Schützen herhalten müssen. Wie das drohende Unheil des Jägers aus Sicht der Hasen beschrieben werden kann, lesen wir beim Naturschützer und Jäger Hermann Löns (1866–1914) in seiner Erzählung *Mümmelmann* aus dem Jahr 1911:

> *Sie zogen aus, bis an die Zähne bewaffnet, an die dreitausend, an die dreihundert, an die dreißig, schrecklich anzusehen in ihrem*

> *Kriegsschmucke. Unten steckten sie in langen Stiefeln, oben in kühnen Hüten. Um ihre Unterleiber schlotterten oder strammten sich rauhe Jacken, deren Taschen reichlich mit Nikotinspargeln gespickt waren. An der Seite hing ein Ränzlein, strotzend von braunen, grünen, roten oder gelben Hülsen* (Anm. d. Verf.: Löns meint damit die farbigen Schrotpatronen), *enthaltend das scharfe Pulver, ferner eine Flasche, bergend das nicht minder scharfe Visierwasser, und diverse Pakete, worin die kurzgehackten sterblichen Überreste toter Schweine und Kühe waren. Vor dem Magen trugen sie Müffchen, um die Handgelenke gestrickte Stulpen, und auf dem Rücken Donnerrohre aller Konstruktionen und jeglichen Kalibers.*

Wagen wir den Perspektivwechsel vom Hasen zum Jäger nach erfolgreicher Hasenjagd, so finden wir ihn im vermeintlich traditionellen Jagdsignal *Hasen tot!* Sein Singtext, ein Limerick, lautet: »Der Has fuhr aus der Sasse raus, / es kam das Schrot, / da war es aus. / Nun ist vorbei / die Rammelei!«

Diese angeblich jahrhundertealten, deutschen Jagdsignale entstammen allerdings der Zeit des ›Tausendjährigen Reichs‹ und wurden mit Carl Clewings Sammlung *Musik und Jägerei*, herausgegeben von Hermann Göring, erst 1937 reichsweit popularisiert. Sie sind in wesentlichen Teilen frei erfunden, so wie dieses Signal *Hasen tot!*, auf das allerdings nach jeder Kessel- oder Treibjagd zur Pflege angeblich ›deutschen Kulturgutes‹ nach Meinung der Jagdverbände bis heute nicht verzichtet werden sollte. Wollte man das als Nichtjäger ironisch kommentieren, böte sich das Zitat des Vegetariers Wilhelm Busch (1832–1908) an: »Die Strafe bleibt nicht aus. Jeder Jäger wird mal ein Hase, früher oder später, denn die Ewigkeit ist lang.«

Heil Göring! *Karikatur aus dem Kladderadatsch, 3. September 1933. Die von Hermann Göring erfundene Waidgerechtigkeit diente nicht dem Tierschutz, sondern der Refeudalisierung der bürgerlichen Jagd zugunsten der Parteigänger und Parteigranden der SS.*

Das wirft mich auf die kindliche Gefühlswelt zurück, nämlich auf meine Betroffenheit über den zu Unrecht zu Tode kommenden Schnellläufer im *Wettlauf zwischen dem Hasen und dem Igel*. In dem Schwank gehen ja auch die Igel-Täter, nachdem der Hase zu Tode gehetzt in der Furche liegt, freudig singend, Schnaps trinkend und triumphierend nach Hause, als wenn sie weiß Gott was vollbracht hätten, dabei waren sie doch nur bauernschlauer als der ›Herr von Hase‹, wie der ehrliche Gewinner des Wettlaufs in einer späteren Adaption der Fabel im 19. Jahrhundert genannt wird. Der war ganz offensichtlich ein feiner Pinkel, als der er schon seit der erstmaligen Bebilderung der Geschichte und bis auf den heutigen Tag immer wieder dargestellt wird. Diese haben es bekanntlich im einfachen Volk schwer. Ihnen wird wie selbstverständlich das soziale Mitleid vorenthalten, wenn ihnen Schlechtes widerfährt. Dabei handelt es sich ja nicht um ein Märchen, wie die Aufnahme in die Grimm'sche Sammlung 1845 vermuten lässt, sondern um ein politisches Gleichnis mit hoher gesellschaftlicher Brisanz zum Zeitpunkt seiner Erstveröffentlichung 1840.

Es geht bei dem ungleichen Wettlauf auf der Buxtehuder Heide tatsächlich um den sich seiner Lösung nähernden Konflikt zwischen den Feudalherren mit ihren traditionellen Vorrechten einerseits und den berechtigten Ansprüchen des soeben erst entstehenden freien Kleinbauerntums. Ihre Äcker durften die sogenannten Kleinhäusler inzwischen zwar ungeteilt abernten und die Erträge auch allein nutzen, das Jagdvorrecht der herrschaftlichen Stände auf ihren Feldern, Weiden und in ihren Gärten galt allerdings weiter. Die ungezählten Subsistenzwirtschaften durften also mit ihren Feldfrüchten sehr wohl die rasch anschwellende Zahl von Hasen, Rebhühnern, Fasanen und Wachteln entschädigungsfrei ernähren, sie aber nicht selbst bejagen, ohne sich der Wilderei schuldig zu machen. Seit alters her galt die Wilderei als eine besonders schlimme Straftat, die vormals ernsthafte Folgen sogar bis hin zum Tod nach sich zog, auch wenn sie auf eigenem Grund und Boden stattfand. Die ›niedere Jagd‹ war Ausfluss des nach wie vor existenten landesherrlichen Jagdregals und stand vielerorts den örtlichen Herrschaften zu, das heißt den Hillern, Baronen, Frei- oder Gutsherrn. Diese hatten ihr Vorrecht meist als sogenannte Gnaden- oder Koppeljagden im Zuge früherer Verleihung auf Widerruf durch ihren jeweiligen Landesherrn erlangt. Die insgesamt in den Ländern sehr uneinheitliche Rechtsentwicklung lässt sich dabei nur insoweit auf einen gemeinsamen Nenner bringen, als dem Kleinhäusler auf seinem Grund und Boden die Jagd grundsätzlich verwehrt war. Es ging in der Zeit um 1840 um nichts anderes, als dem Kleinbauern endlich das Recht einzuräumen, das Niederwild auf seinem eigenen Grund und Boden zu bejagen und zu nutzen. Der listige Igel steht daher für die um ihren Wildertrag geprellten und durch dessen Fraß geschädigten Kleinhäusler und der Hase als feiner Pinkel für das Vorrecht der besseren Gesellschaft ihn nutzen zu dürfen. Der *Wettlauf zwischen dem Hasen und dem Igel* repräsentierte damit den zentralen Standeskonflikt, der 1848 endgültig zugunsten der Kleinhäusler ausging. Der Schwank überbringt die unmissverständliche Botschaft an die Vertreter aller Stände, und insbesondere an die Landesherren, dass der bauernschlaue Kleinhäusler schon weiß, wie er den Hasen auch ohne Flinte auf seinen eigenen Feldern zur Strecke bringt.

Der Igel in der Rolle des etwas heruntergekommenen Kleinhäuslers schielt im Het Wettloopen tüschen den Haasen und den Swinegel *von Gustav Süs, 1855, schon auf die Buddel Schnaps und den Golddukaten.*

Zwar waren unter dem freiheitlich französischen Einfluss im Zuge der Bauernaufstände des Jahres 1809 in einigen wenigen Ländern, so in Kurhessen, mit den Hand- und Spanndiensten vereinzelt auch die Jagdvorrechte abgeschafft worden, doch blieben sie in der Regel reichsweit bis in den Vormärz bestehen. In ihren *Bildern aus Westfalen* konstatierte zu jener Zeit

Annette von Droste-Hülshoff (1797–1848), die Westfalen in der Region um Paderborn seien durch Not zu großen Anstrengungen und zur List getrieben, um ihre dringendsten Bedürfnisse zu befriedigen. Sie seien »ein leidenschaftlicher und auf sein Recht pochender Menschenschlag, der den Gutsherrn als Usurpator« des ihm selbst zustehenden Bodens betrachtet, dem ein Landeskind »nur aus List schmeichle«, um ihm in Wirklichkeit Abbruch zu tun, wo sich die Gelegenheit böte. Darum sehe er im Jagdfrevel »gegen die Forst- und Jagdgerechtsame der Herrschaften sein gutes Recht«. Aus dem Rheinland wird zur gleichen Zeit besonders anschaulich berichtet. Es wird beklagt, dass die Bauern nur ersetzt bekamen, was die Hirsche und Rehe auf ihren Feldern und in ihren Gärten abfraßen, sie aber bezüglich der Hasen leer ausgingen. Zudem mussten die Kleinbauern auch noch für die feinen Herren in ihren »pelzverbrämten Röcken« und »warmen Handschuhen« aber selbst in zerrissenen Strümpfen und Schuhen und dünnen Kittelchen ...

> *... durch Schnee und Dreck, Gebüsch und Dorn, von den Förstern selbst wie Hasen gejagt, daherkeuchen, und die von den Früchten ihres Schweißes wohl genährten Tiere* [die Hasen] *zum Schuss jagen, mit erstarrten Händen die Klapper schwingend. Und je mehr vor den Schuss kamen und je wohlgenährter sie waren* [die Hasen], *desto mehr schmunzelten die Herren ...*

Nicht zuletzt die Abänderung der vermutlich aus dem 6. Jahrhundert stammenden Ursprungserzählung von Äsop ist ein überdeutlicher Fingerzeig auf das Gleichnis zum politisch brisanten Sozialkonflikt im Vorfeld der 48er-Revolution. Bei Äsop fand der Wettlauf des Hasen nämlich nicht mit einem Igel, sondern mit einer Schildkröte statt. Siegesgewiss schläft der Hase bei Äsop ein und lässt die ausdauernde Schildkröte als Erste ins Ziel kriechen. Diese populäre Fabel fand im Kern unverändert in vielen Kulturen rund um den Globus Eingang in den jeweiligen Bestand an Volksmärchen. Bei Äsop geht es um die allgemeine Lebenserfahrung, dass Ausdauer die Selbstsicherheit und Arroganz zu schlagen vermag, beim *Swinegel* aber allein um den politischen Sozialkonflikt. Die Rolle des Kleinbauern konnte deswegen schlecht von einer Schildkröte dargestellt werden, es musste vielmehr ein Tier sein, das ihn auf den ersten Blick als listige Gestalt aus dem Kleinhäusler-Milieu zu erkennen gibt. Dafür war der Igel Schröders Idealbesetzung, stachelig mit krummen Beinchen, schmatzend und mit schlürfendem Rüssel, eine etwas heruntergekommene Schnapsdrossel, derb und vulgär, aber trotzdem irgendwie liebenswürdig – und ziemlich lebensnah zur Wirklichkeit eines Kleinhäuslers. Um letzte Zweifel zu verjagen, für wen der Igel stehen sollte, bezeichnete Schröder ihn als *Swinegel*, suchte also eine mit Blick auf den beiden gemeinsamen Rüssel eine Alliteration zum Schwein, das jeder sogenannte *Swinebur* sich nahe beim Haus hielt. Er schrieb die Fabel zudem auf Plattdeutsch, obwohl sie sich an die Zeitung lesende Bevölkerung, also die Vertreter der gebildeten Stände, richtete. Die lehnten aber das Plattdeutsch ab, das nur von denen gesprochen wurde, die mehrheitlich des Lesens unfähig waren. Schröder hatte seine Fabel zuvor im vertrauten akademischen Kreis vorgetragen und dort ihre Wirkung getestet. Angeblich hatte er eine mündlich überlieferte, niederdeutsche Vorlage herangezogen, die sich aber bis heute nicht gefunden hat. Wahrscheinlich hat es sie nie gegeben.

Es lag also für ihn nahe, den Igel als Kontrahenten des vornehmen, erkennbar hochnäsigen Vertreters der niederen Stände und Gutsherren zu ernennen. Der Hase nämlich repräsentierte als Beute- und Schadwild das Vorrecht des untersten, niederen Standes schlechthin.

Die Literaturgeschichte erkennt in der Standeskritik ein Kennzeichen der seit dem Mittelalter im Volk populären Fabeldichtungen. Ein weiteres Merkmal ist die sich hinter einer Tiergestalt versteckende, politisch brisante Kritik an den realen Zuständen und Personen, um die Autorenschaft vor möglicher Bestrafung zu schützen. Der Wiedererkennbarkeit dient eine regelmäßig einfache, kurze Handlung ohne Nebenstränge. Das deutet auch beim *Wettloopen twischen den Hasen un den Swinegel* auf ein Fabel-Gleichnis zum zentralen politischen Konflikt der Zeit hin und erklärt zudem, warum der Autor sie in seiner eigenen Zeitung, dem *Hannoverschen Volksblatt,* anonym veröffentlichte. Als Autor wie als Herausgeber lief er Gefahr, dass sein Blatt, wie viele andere, polizeilich verboten wurde.

Der Schwank war von Schröder keineswegs als Märchen für Kinder angelegt. Er gestaltete den Swinegel deswegen als äußerst ambivalenten Charakter, der sich erst in späteren Märchenadaptionen in eine positive Gestalt verwandelte. Bis heute wird die Geschichte allerdings nur selten namentlich dem Alleinautor Schröder zugeschrieben, sondern Wilhelm Grimm als Überlieferer eines Volksmärchens – das es aber nie war.

Schröders ursprüngliches Meisterstück unterhaltsamer Erzählkunst von überaus ironischem Humor verwandelte sich deswegen erst ab der Mitte des 19. Jahrhunderts mehr und mehr zum flachen Volksmärchen, was er nicht wollte. Folgerichtig wehrte sich Schröder im Jahre 1845 noch als anonymer Autor gegen diese Umdeutung, also lange bevor er sich viele Jahre später 1868 in einer Neuausgabe erstmals als Alleinautor der Öffentlichkeit offenbarte. Das geschah immerhin zwanzig Jahre nach dem Jahr, in dem der Sozialkonflikt für alle Zukunft gelöst wurde und zu dem bereits zahllose ungenehmigte Nachdrucke existierten, die er erst ab dann gerichtlich zu untersagen versuchte. Es war kein historischer Zufall, dass der einzige 1848 von der Paulskirchenversammlung im Wortlaut verabschiedete Entwurf eines Gesetzes die ersatzlose Aufhebung des Jagdregals war. Sie wurde auch tatsächlich von den landesherrlichen Fürsten reichsweit zeitnah umgesetzt, weil sie eine wesentliche Ursache des Konfliktes war, der ihre feudale Vormachtstellung bedrohte. Der mit Heine befreundete Dichter und Musiker Johann Peter Lyser befasste sich 1853 mit der politischen Deutung der damals weit verbreiteten Fabel und konstatierte, ohne den noch zeitnahen Konflikt konkret beim Namen zu nennen, es stecke weit mehr in der Erzählung, als man zunächst glaube. Der Swinegel sei

> *… das getreue Conterfei eines niederdeutschen Kleinhäuslers – und in Holstein, Mecklenburg, in Oldenburg, wie im hannoverschen haben wir nicht weit nach dem Original zu suchen, dessen Höchstes ›en Gold'nen Lujedor un'n Buddel Brannwein‹ bilden.*

Gleichwohl wird das Märchen bis auf den heutigen Tag unseren Kindern nur als eines über Eitelkeit gegen die listige Bauernschläue erzählt.

Die Kleinbauern waren allerdings erfinderisch, sich des wohlschmeckenden Häschens, der zugleich ein Schädling war, irgendwie zu bemächtigen. Zimperlich waren sie dabei nicht, Hauptsache man wurde seiner habhaft, denn um die gequälte Kreatur ging es ihnen nicht. Das dürfte andererseits aber der Grund dafür gewesen sein, dass sich mehrere Dichter der Romantik dem Mitleid für die gequälte Kreatur des Hasens zu widmen begannen; so unter anderen August Heinrich Hoffmann von Fallersleben (1798–1874). Er schrieb das Gedicht *Hasenbrot*, in dem einem Hasen nicht einmal ein Stück trockenes Brot gegönnt wird – ein Zeugnis der Subsistenzwirtschaft der Kleinhäusler jener Zeit:

Und wenn mein Vater geht zur Stadt,
So bringt er mir was mit,
Bald Mandeln und Rosinen,
Bald Obst und Kuchenschnitt.
Und geht er auch nur über Feld,
So denkt er dann auch mein:
Er bringt mir immer Etwas,
Sollt's trocken Brot, auch sein.

Das trockne Brot, das schmeckt gar gut,
Denn wie mein Vater sagt,
So hat er's auf dem Felde
Dem Hasen abgejagt.

Unter dem Titel *Häsleins Klage* wird den Kindern in einem Gutenachtlied aus dem Württembergischen um 1805 (nach Achim von Arnim [1781–1831]) sogar die herzzerreißende Anklage eines Krummen erzählt. Der Todesschrei des Hasen war vermutlich den Kindern wegen der noch weitverbreiteten Kinderarbeit auf den herbstlichen Feldern bekannt. Ihn fasste der Dichter in Worte:

Ich armes Häslein im weiten Feld,
Wie wird mir doch so grausam nachgestellt!
Bei Tag und bei Nachten,
Da tun sie mir nach trachten;
Man stellt mir nach dem Leben mein:
Wo bleib ich armes, bleib ich armes Häsulein?
.....
Kriegt mich die Köchin dann zur Hand,
Hängt sie mich Armen an die Wand;
Die Haut tut sie mir nehmen,
Da muss ich mich ja schämen.
Man trägt gespickt mich auf den Tisch,
schneidt mich in Viertel wie ein'n Fisch.

Darum, ihr Brüder insgemein,
Soviel wir in dem Walde sein,
Entlaufet vor dem Jäger,
Entfliehet vor dem Schläger,
Schlagt Haken, eilet, säumet nicht!
Habt gute Nacht!
Ein Krummer spricht.

Der Hase *auf Hans Hofmanns Dürer-Kopie, 1528, reißt die Augen auf wie kurz vor der Flucht, sitzt jedoch in der Ruhestellung. Das kommt so in der Natur nicht vor.*

Angsthase oder Alter Hase

Spricht nicht wirklich alles dafür, dass Hasen von Natur aus ›Angsthasen‹ sind? Hatte nicht der Dreiläufer mit aufgerissenen Augen, erstarrt vor Angst vor dem schmächtigen Grundschulkind, das ich war, in der Furche gesessen, sodass ich ihn ohne Weiteres an den Löffeln ergreifen konnte, bevor er mit seinem herzerweichenden Klageschrei um Gnade bat? Der Schmähbegriff Angsthase scheint nicht nur im deutschen Sprachgebrauch verbreitet und wegen des ausgeprägten Fluchtverhaltens der Hasen in der Natur auch zutreffend zu sein. Begegnet man ihm in freier Natur, nimmt er meist schon auf 30 bis 50 Meter Abstand Reißaus. Doch Vorsicht, wir Menschen neigen dazu, eigenes Verhalten auf Tiere zu projizieren, anstatt sie verstehen zu lernen. Letzteres ist das zentrale Anliegen der Verhaltensbiologie, die nach ihrem Mitbegründer Nikolaas Tinbergen (1907–1988) mit den wissenschaftlichen Methoden der Biologie arbeitet, um reproduzierbare Aussagen über das Verhalten der Tiere zu treffen, um emotionale oder gar moralische Urteile zu vermeiden.

Die Frage, ob insbesondere höher entwickelte Tiere Gefühle, wie zum Beispiel Angst, haben können, beantwortet die Verhaltensbiologie, wenn auch nicht konkret auf Hasen bezogen, eindeutig mit einem Ja. Bei zahlreichen Säugetierarten – und sogar einigen Vogelarten und Kopffüßlern – wiesen die Wissenschaftler experimentell unzweideutig nach, dass Tiere die gleichen Gefühle entwickeln können wie wir Menschen, ob Angst, Freude, Trauer, Zuneigung, Treue, Aggression, ja sogar Wahrheitsliebe und Gerechtigkeitssinn. Dazu den klinischen Beweis an Hasen zu erbringen, ist allerdings verhaltensbedingt unmöglich, weil er nur im Gehege zu erreichen ist, in dem Hasen kaum bei ungestörtem Verhalten zu analysieren sind. Trotzdem besteht kein Zweifel, dass die grundsätzlichen verhaltensbiologischen Erkenntnisse über viele Säugetiere auf Hasen übertragbar sind. Die Frage ist hier, wann z. B. Hasen in der freien Natur Angst haben – schon dann, wenn sie flüchten?

Hasen sind von Geburt an extreme Nestflüchter, weswegen ja die Verhaltensbiologen von ›Laufjungen‹ sprechen. Sie werden bereits sehend und mit Fell geboren, wenn sie auch zunächst mit ihren nur rund 130 Gramm für uns nicht mehr sind als ein flauschiges Knöllchen Wolle. Sie werden häufig schon zwei bis drei Stunden nach der Geburt von ihrer Mutter allein gelassen. Die meist zwei bis vier Neugeborenen eines Satzes bewegen sich direkt nach der Geburt eher kriechend als hüpfend wenige Meter fort, um sich in Nähe ihres von Vegetation geschützten Geburtsortes eine Kuhle zu suchen, drücken sich hinein und warten unbeweglich ab, was die gefährliche Welt an Überraschungen für sie bereithält. Die Häsinnen sind wahre Rabenmütter, möchte man meinen, denn sie kehren nur einmal täglich und meist nachts zu ihren Neugeborenen zurück, um sie für zwei bis drei Minuten mit etwa 30 Gramm extrem fettiger Milch zu säugen, bevor sie wieder ihrer Wege gehen. Aus menschlicher Sicht sind die Häschen also arme, vernachlässigte Säuglinge. Schon nach spätestens zwei bis drei Wochen hat es den Anschein, dass ihnen angesichts dieser vermeintlichen Verwahrlosung durch die Mutter nichts anderes übrig bleibt, als selbst mit auf Futtersuche zu gehen, um wenigstens noch etwas Zusatznahrung zu ergattern. Schon nach vier Wochen sind sie ganz auf sich allein gestellt und den überall lauernden Gefahren ausgeliefert. Dann macht sich ihre Mutter endgültig auf und davon, um sich aus vermenschlichter Sicht unbeschwert und egoistisch ihrem eigenen Leben zu widmen. Als Menschenkind möchte man sicher kein Häschen sein. Der Zoologe und Schriftsteller Alfred E. Brehm (1829–1884) erlag 1864 in seiner populären Kunde des Tierreichs *Brehms Thierleben* eben diesem typisch menschlichen Moralurteil. Er moniert, wenn die Mutter die Jungen allein zurücklässt, geschähe das, um sich neuen ›Genüssen‹ hinzugeben:

> *Nur von Zeit zu Zeit kommt sie noch an den Ort zurück, wo sie die kleine Brut ins Leben setzte, lockt sie durch ein eigenthümliches Geklapper mit den Löffeln und lässt sie säugen, wahrscheinlich nur, um sich von der letzten Milch zu befreien und nicht etwa aus Mutterliebe.*

Moralischer lässt sich das Verhalten einer Häsin nicht aburteilen. Tatsächlich aber ist ihr Verhalten genetisch fixiert, wichtig für das Überleben der Kleinen und darüber hinaus ein sehr effektiver Schutz. Indem sie sich nämlich stets von den Jungen entfernt aufhält, lenkt sie die Aufmerksamkeit zahlloser Feinde von ihnen ab, die im Gegensatz zu ihr selbst kaum Geruch verströmen und in ihrer Kuhle nahezu unsichtbar verharren. Ihre Fürsorge reduziert sich aus diesem Grund täglich auf wenige intensive Minuten für das unverzichtbare Saugen, was ausreicht, um das Körpergewicht der Kleinen rasch zu steigern, zumal sie sich in dieser Zeit kaum bewegen und daher nur wenig Energie verbrauchen. So können sie sich schon bald verselbstständigen. Verhielte sich die Hasenmutter wie wir Menschen gegenüber unseren allerdings extrem unselbstständigen Neugeborenen, wäre sie tatsächlich eine Rabenmutter, die sich an den überall lauernden, tödlichen Gefahren nicht störte und das Leben ihrer Jungen aufs Spiel setzte, weil sie die Fressfeinde durch ihre eigenen Ausdünstungen anlockt und so die Beutegreifer aus der Luft, aus jeder Furche, hinter jedem Kussel, von jedem Zweig oder aus jedem Gebüsch auf ihre Jungen aufmerksam macht. Der romantische Jagddichter Ludwig von Wildungen (1754–1822) reimte einen Vers darauf:

Menschen, Hunde, Wölfe, Lüchse,
Katzen, Marder, Wiesel, Füchse,
Adler, Uhu, Raben, Krähen,
Jeder Habicht, den wir sehen,
Elstern auch nicht zu vergessen,
Alles, alles will ihn – fressen.

Hops erfährt diese bittere Realität bereits im frühesten Leben als gerade Neugeborener, nämlich schon zu Beginn von Saltens Erzählung. Nachdem die Hasengesellschaft sich nach einer Kesseljagd wieder versammelt, fragt Hops seine Mutter, wo die anderen geblieben seien. Sie antwortet:

›Verschwunden …‹ ›Wo sind sie?‹ Hops war es bang zumute, aber er ließ nicht locker. Ohne sich zu regen, gab die Mutter Antwort: ›Verloren sind sie …‹ Der Kleine begriff nicht ganz, was er hörte. Gleichwohl war er erschüttert. […] *›Und ich …? Werde auch ich verloren sein?‹*

Die Mutter zuckte: ›Mein lieber Hops …‹ Sie seufzte, ehe sie weitersprach: ›Du musst aufpassen, immer, immer, achtgeben, immer … verstehst Du? Und Du musst laufen können schneller als alle andern Geschöpfe hier im Walde …‹ ›Und laufen kann ich‹ rief Hops …

Salten umreißt mit wenigen Worten die komplexe Verhaltensbiologie eines Laufjungen, der vom frühesten Zeitpunkt an auf sich gestellt und im Sozialkontakt mit Gleichaltrigen die Schule des Lebens durchlaufen muss. Das entspricht der Realität eines jeden jungen Hasen und seiner nachfolgenden Adoleszenz.

Hasen machen es ihren Feinden als Beutetier so schwer wie nur irgend möglich, sie zu ergreifen. Ihr gesamter Körperbau ist auf diese Herausforderung ausgerichtet. Am deutlichsten wird das in ihrem Bewegungsablauf sichtbar, und es sind nicht nur die Haken, die sie schlagen. Langsamer Galopp, das sogenannte Hoppeln, und der schnelle Sprunggalopp sind ihre normalen Bewegungsarten und einzigartig in unserer heimischen Tierwelt. Ihre Sprungfedern sind die extrem verlängerten Hinterläufe, die sie Geschwindigkeiten von bis zu 80 km/h in der Stunde erreichen lassen und damit für jeden Landfeind uneinholbar machen. Sie laufen nicht nur schneller, sondern auch extrem ausdauernd, was jeder Hundeführer unter den Jägern aus Erfahrung zu bestätigen weiß.

Ich selbst bekam von meinem Vater zum forstlichen Staatsexamen meinen ersten Jagdhund geschenkt, eine Sauerländer Bracke, die wegen ihrer Zuchtmerkmale mit hoher Nase im schnellen Lauf und als mittelgroßer, schlanker Lauthund zu ausdauernder Hetzjagd neigt. Nimmt ein solcher Hund eine frische Hasen- oder Rehfährte auf, gibt er im Lauf den sogenannten Spurlaut und zeigt mit seiner hellen Stimme dem Jäger an, wohin seine Hatz sich bewegt. Die Ortstreue des für ihn uneinholbaren Hasen führt den Hund wie an einer langen Leine wieder zurück zum Ausgangspunkt der Flucht. Diese ausgeprägte Reviertreue der Hasen ist nur ein weiterer Trick der Natur, um sie vor ihren Feinden zu beschützen, weil die meisten ihrer Landfeinde ebenfalls ortsgebunden und darum der lokalen Hasenpopulation bestens bekannt sind. Gefahren, die man kennt, sind bekanntlich weniger gefährlich, zumal wenn man schneller laufen kann.

Diese bäuerliche Form der Niederwildjagd wird als ›Brackieren‹ bezeichnet und darf darum heute nur noch in besonders großräumigen Jagdrevieren ausgeübt werden. Die Bracken sind wegen ihrer Ausdauer für die Hasenstreife mit nur ein oder zwei Schützen dafür bestens geeignet. Schnellt vor dem Schützen ein Hase hoch, nimmt die Bracke die Verfolgung auf. Der Schütze bleibt stehen und wartet bis zu 30 Minuten, bis er aus der Ferne den Spurlaut der Bracke hört, die sich allmählich wieder dem Ausgangsort der Hetzjagd nähert. Dann sollte er sich zum Schuss bereithalten, denn der Hase ist bereits nahe und kommt in der Regel in Schussentfernung zurück. Hinter ihm folgt in 100–200 Metern Abstand der abgearbeitete, sichtlich erschöpfte und langsamer werdende Hund. Meine Bracke, der ich den Namen Hatz gab, vollzog diese Jagdtechnik vorbildlich und ich konnte wiederholt Hasen vor ihr erlegen. Doch einen großen Nachteil haben Bracken: Haben sie einmal Spur aufgenommen, sind sie kaum zurückzuhalten und reißen deswegen mitunter auch ein Reh, das nicht mit der ausdauernden Geschwindigkeit flüchten kann wie ein Hase.

Der Althase weiß erfolgreich einen Haken zu schlagen. Die Lithografie aus einem Hausfrauen-Journal um 1871 beweist nicht zuletzt, wie erfolglos die Methode der Bauernjäger war, Hasen von einem Hund fangen zu lassen.

In ihrer Sasse sitzend macht die Hasen ihr meliertes Haarkleid auf dem Feld, im Laub oder in der Ackerfurche fast unsichtbar. Ihre Augen und Löffel erlauben ihnen eine vollständige Rundumkontrolle ihrer Umgebung, ohne den Kopf wenden

Viele Hunde sind des Hasen Tod. Der Meister und Begründer des Realismus Gustave Courbet lässt in Jagende Hunde mit einem toten Hasen *ihren Kampf um die Beute erahnen.*

zu müssen. Trotzdem überleben in der Regel nur rund 40–60 Prozent aller Junghasen bis in den Herbst. Die ersten Monate ihres Lebens sind also eine harte Schule, in der sie – wenn sie nicht sterben – das Überleben lernen. Dass ihre defensiven wie friedlichen Eigenschaften sie perfekt schützen, wird am mangelnden Beuteerfolg ihrer zahllosen Feinde in der Luft wie auf dem Land deutlich. In deren Magenanalysen zeigt sich, dass selbst in sehr guten Hasenrevieren nur ca. 15 % der vorgefundenen Beutereste Hasenjunge sind, sie also nur einen kleinen Anteil am Beutespektrum der zahlreichen Feinde ausmachen. Die Schutzmechanismen unserer Hasen funktionieren perfekt – mit einer Ausnahme: Gegen eine ausgeräumte und industrialisierte Agrarlandschaft sind sie, wie oben erläutert, weitgehend unwirksam.

Es sind aber nicht nur die nach ihrem Leben trachtenden Feinde, die ihnen zu schaffen machen, sondern vor allem die Witterungsbedingungen. Wegen ihres Wollmantels kann ihnen weder trockene Kälte noch trockener Schnee etwas anhaben und scharfer, kalter Wind ohnehin nichts, denn sie ducken sich in einer Kuhle weg und lassen sich notfalls sogar einschneien, um auf diese Weise doppelt gewärmt zu sein. Problematisch hingegen ist die Nässe des Frühlings oder auch eines nassen Sommers oder Herbstes in unseren atlantisch gefärbten Klimaten, an die sie evolutiv nicht angepasst sind. Ihre Wolle saugt sich wie ein Filz mit Wasser voll, und was vorher flauschig und warm war, unterkühlt sie dann. Weil sie nach dem Regen nur sehr langsam trocknen, lieben sie den Sonnenschein über alles, dem sie sich stundenlang und dösend langgestreckt in einer Furche hingeben. Ihre Wasser- und Regenscheu ist auch der Grund, warum ausgeräumte Agrarlandschaften für sie besonders gefährlich werden: Auf kahlem Acker finden sie keine Verstecke vor ihren Feinden und noch weniger Schutz vor dem Regen. Das führt mitunter zum Mut der Verzweifelten, sich gegebenenfalls sogar unter Landmaschinen oder in Wege- oder Wasserunterführungen zu verkriechen. Übrigens verlieren sie ihre Wasserscheu, wenn sie sich todesmutig in ein Gewässer stürzen, um in letzter Not einem Feind zu entgehen. Dann bemerken sie, dass ihre kräftigen Hinterläufe sehr gut geeignet sind, dem Feind davonzuschwimmen, ohne es je vorher geübt zu haben. Grundsätzlich aber scheuen sie das Wasser – bemerkenswert einfallsreich:

2017 ging eine sonderbare Meldung um die Welt. Auf der Südinsel Neuseelands fand ein Landwirt eines Morgens bei Hochwasser gleich drei Hasen auf dem Rücken seiner nur knöcheltief im Wasser stehenden Schafe, aufsitzend wie Jockeys. Die dort ausgewilderten, nicht heimischen Feldhasen gelten als Schädlinge, die bei jeder Gelegenheit zu erlegen sind. Dennoch schenkte ihnen der erstaunte Landwirt angesichts dieses Erfindungsreichtums großzügig ihr Leben. Ihr mutiges Verhalten wirft Licht auf einen anderen Aspekt ihrer Überlebensstrategie. Es ist nämlich ziemlich unwahrscheinlich, dass alle drei Hasen gleichzeitig auf die Idee kamen, sich vor dem drohenden Hochwasser auf ein Schaf zu retten, geschweige denn ist ihnen angeboren, bei drohendem Hochwasser auf den Rücker größerer Säugetiere zu springen und dort Platz zu nehmen. Sie müssen es sich also voneinander abgeschaut haben. Einer sprang in seiner Not hinauf und die beiden anderen machten es ihm nach, was für eine kognitive Intelligenz spricht, zumal sie die Schafe als friedfertig erkannt haben müssen, um diesen todesmutigen Versuch zu wagen. Wahrscheinlich hatten sie im Laufe der Zeit angesichts der in Neuengland verbreiteten Intensivweide mit großen Herden die Scheu vor den Schafen längst verloren. ›Lieber den Sprung auf die riesigen Ungeheuer wagen, als nass zu werden!‹, mögen sie gedacht haben.

Dass Hasen ein ausgezeichnetes Lernvermögen besitzen und man verhaltensbiologisch sogar von einer sich im Verlauf ihres Lebens herausbildenden Persönlichkeit sprechen kann, wird bereits am obigen Beispiel der Früh- und Spätflüchter im Jagdkessel deutlich. Es erklärt einerseits den gemeinsprachlichen Schmähbegriff Angsthase wie andererseits das verbreitete

Dem populären Familienjournal Die Gartenlaube *zufolge lernen die Hasen hier das Bäumeklettern. Ihr Gesichtsausdruck spricht Bände.*

Kontradiktum, die Rede vom Alten Hasen. Offenbar genügt das einmalige Überleben eines für Hasen traumatischen Kesseltreibens, um die sich zusammenbrauende Gefahr im nächsten Jahr an ihrer typischen Geräusch- und Geruchskulisse auf sehr weite Entfernung hin wiederzuerkennen und mit mutigem und komplexem Fluchtverhalten intelligent darauf zu reagieren.

Das weitreichende Lernvermögen vieler Säugetiere und Vögel findet in drei Lebensphasen statt. Zunächst werden in der pränatalen Lernphase die Umwelterfahrungen der Mutter über den Hormonaustausch mit dem Fötus an das Ungeborene weitergegeben. Ihr schließt sich die wichtige Phase der Nesthege durch die säugende Mutter an, die aber bei Laufjungen wie dem Hasen nahezu vollständig entfällt. Die säugenden Häsinnen versorgen sie zwar mit den notwendigen Kalorien und Mineralien zum schnellen Körperaufbau, aber kaum mit Lernerfahrungen, die ihnen später nützlich sein könnten. Bei Nesthockern – wie auch uns Menschen – gibt es einen Zusammenhang zwischen mangelnder postnataler Pflege der Säuglinge und ihrer späteren psychischen Gesundheit. Bei Vernachlässigung postnataler Fürsorge treten lange Zeit später psychische Defekte, insbesondere schwere Ängste auf, allerdings nur bei nesthockenden Arten. Laufjunge wie die Feldhasen gleichen dieses postnatale Defizit durch verstärkte soziale Kontakte in ihrer Alterskohorte während der Zeit ihrer Adoleszenz aus. In dieser Zeit leben sie in relativ festen, lokalen Kleingruppen und machen spielerisch die notwendigen Erfahrungen für ihr späteres Leben. In dieser dritten Lernphase, die etwa bis zum Ende ihres Dreiläufer-Daseins andauert, kommt es auf ihr Lernvermögen und darum vor allem ihre Neugierde an. Und Letztere ist geradezu hasentypisch. Sie setzt neben der tierischen Konditionierung, Reize zu verarbeiten, echte Intelligenzleistungen voraus, nämlich durch Erfahrung zu lernen und ihren Feinden ein Schnippchen zu schlagen.

Es sind also der soziale Kontakt in ihrer Altersgruppe und die große Neugier, die Laufjunge zu Erwachsenen reifen lassen. Jeder Jäger kann dazu Geschichten aus seiner Erfahrung wiedergeben, die ihn in der Erinnerung nicht selten schmunzeln lassen und es ihm später umso schwerer machen, diese sympathisch neugierigen Wesen zur Strecke zu bringen. Ich habe bei zwei verschiedenen Gelegenheiten erlebt, wie sich ein junger Hase unter dem Hochsitz an meinem abgelegten Rucksack schnüffelnd zu schaffen machte, um verdutzt festzustellen: Der Mensch dazu ist verschwunden! – nämlich, für ihn unsichtbar, auf dem Hochsitz über ihm. Ein anderes Mal kam ein Dreiläufer sogar auf die Idee, bis zur dritten Stufe der Leiter meine Spur im Kegel zu erschnüffeln, und schien zu meinen, ein Mensch, der nach oben wegklettert, könne keine Gefahr mehr für ihn sein. Ein ganz ähnliches Erlebnis veranlasste Christian Morgenstern zu seinem Gedicht

Das Häslein

Unterm Schirme, tief im Tann,
hab ich heut gelegen,
durch die schweren Zweige rann
reicher Sommerregen.

Plötzlich rauscht das nasse Gras -
stille! Nicht gemuckt! -
Mir zur Seite duckt
sich ein junger Has –

Dummes Häschen, unbewegt,
nutzt was ihm beschieden,
Ohren weit zurückgelegt,
Miene schlau zufrieden.

Ohne Atem lieg ich fast,
lass die Mücken sitzen,
still besieht mein kleiner Gast
meine Stiefelspitzen …

Um uns beide – tropf – tropf – tropf -
traut eintönig Rauschen …
Auf dem Schirmdach – klopf – klopf -klopf …
Und wir lauschen … lauschen …

Wunderwürzig kommt ein Duft
durch den Wald geflogen;
Häschen schnuppert in die Luft,
fühlt sich fortgezogen.

Schiebt gemächlich seitwärts, macht
Männchen aller Ecken …
Herrlich hab ich aufgelacht -.
Ei, der wilde Schrecken!

Ein fast unglaubliches Erlebnis hatte ich im Jahr nach meinem Abitur. Der Vater eines Freundes hatte mir in seinem Revier südlich von Fulda einen Rehbock zum Abschuss freigegeben. Während der sogenannten Blattzeit zur Monatswende vom Juli zum August versuchte ich einen Bock, den ich bei der Pirsch in einem großen Haferfeld ausgemacht hatte, mithilfe eines ›Handblatters‹ namens Buttolo anzulocken. Drückt man den kleinen Gummibalg ertönt das Fiepen eines brunftigen Rehs, was den Bock anlockt. Ich saß im warmen Sonnenschein etwas unterhalb am Rand des Hafers auf einem Sitzstock in einem trockenen Graben. Es war das ideale heiße Augustwetter und runde, sogenannte Hexenkessel im Hafer zeigten an, dass dort ein Bock seine Ricke im Kreis getrieben hatte. Nach kurzer Zeit der Stille drückte ich die Buttolo zweimal im Abstand von etwa drei Minuten. Schon bald hörte ich, wie es im Hafer vor mir raschelte. Irgendetwas näherte sich schnell und schon sprang ein Dreiläufer neugierig aus dem Hafer direkt auf meinen Schoß, wo mein entsichertes Gewehr lag. Der Hase, nicht weniger ich selbst, war ordentlich erschrocken und machte nach einer Schrecksekunde einen Drei-Meter-Satz, der auf meinem Oberschenkel schmerzte, zurück in den schützenden Hafer. Der Hase hatte gelernt, dass, was sich wie ein Reh anhört, auch ein Mensch sein kann – und ich, dass eine Buttolo beileibe nicht nur Rehe anlocken kann.

Diese für Junghasen typische Neugierde ermöglicht ihnen, ohne verhaltensbiologische Deformation in erstaunlicher Nähe zum Menschen zu leben und gewissermaßen gefahrlos Erfahrungen mit ihnen zu sammeln. Als einer der wenigen Verhaltensbiologen, die sich mit wildlebenden Hasenpopulationen beschäftigen, befasst sich Dieter Köhler vor seiner eigenen Haustür im Berliner Stadtteil Marzahn-Hellersdorf mit dem Verhalten urban und suburban lebender Hasen. Es gibt sie dort wie auch im nahe gelegenen Lichtenberg, in Berlin-Mitte und im Stadtteil Prenzlauer Berg. Seit dem Bau der Plattenbausiedlungen zur Zeit der DDR fristen sie zwischen den großen Gebäuden und der öffentlichen Infrastruktur auf meist extensiv gepflegten Grünflächen ein vom Stadtgewusel scheinbar ungestörtes Dasein. Reviertreu, wie sie sind, hatten sie ihre ehemals ländlichen Lebensräume angesichts der großen unbebaut belassenen Freiflächen zwischen den neu errichteten Wohngebäuden gar nicht erst aufgegeben und arrangieren sich nunmehr seit Jahrzehnten mit der Großstadt. Die rund 1200 Hektar Grün- und Erholungsflächen allein in Marzahn sind Zeugnis einer vorbildlichen DDR-Stadtplanung, die Frischluftzonen und Grünflächen – anders als im Westen der Stadt – vorausschauend miteinplante. Mittlerweile drohen diese allerdings im Zuge der Verdichtung bebaut zu werden. In diesem Mosaik aus Grünflächen und begleitendem Buschwerk ist ein Hasen-Dasein eng verwoben mit dem Stadtleben möglich - vergesellschaftet mit den einkaufenden, Parkplatz suchenden, Hunde ausführenden, laut spielenden oder Sport treibenden Städtern. Auf den kaum gedüngten Grünflächen bilden sich mitunter feste Sozialgemeinschaften lokaler Hasenpopulationen, die im Gegensatz zu den in der Kulturlandschaft bejagten Artgenossen nur wenig Scheu vor dem Menschen zeigen. Ihre Fluchtdistanz zum Stadtmenschen, von dem ihrer Erfahrung nach keine tödliche Gefahr ausgeht wie vormals vom Jäger, verringern sie bis auf fünf Meter. Gleichwohl wissen sie zu unterscheiden, ob ein Hund angeleint ist oder nicht. Wenn sie sich gegen allzu aufdringliche Krähen oder Elstern zur Wehr setzen, zeigen sie sich als die eigentlichen Herren der Grünflächen. Sie scheinen also die typischen Gefahren ihrer Stadtumwelt routiniert im Griff zu haben und nutzen sogar im Falle einer notwendigen Flucht Infrastrukturen wie z. B. Fußgängertreppen. Nicht nur die Freiflächen werden als Lebensraum angenommen, sondern auch Bahngleise, Kinderspielplätze und ein Trimm-Dich-Platz sind zur Paarungszeit willkommene Räume für ihre Brunftspiele. Unter parkenden Autos kann ihnen auch der Regen nichts anhaben. Bemerkenswert ist die Beobachtung des Verhaltensbiologen, dass die einstige Berliner Mauer sich bis auf den heutigen Tag als unsichtbare Grenze zwischen westlichen Kaninchen- und östlichen Hasen-Populationen erhalten hat. Die jahrzehntelange politische Teilung ist also in der Stadtnatur drei Jahrzehnte nach dem Fall der Mauer für Hasen und Kaninchen noch lange nicht aus der Welt.

Auf der Insel Langenwerder, berichtet Köhler, erkunden die Hasen die Bootsschuppen und das Stationsgebäude, aus dessen Küche auch schon mal ein neugieriger Junghase vertrieben wurde. Sie machen sich offenbar mit den örtlichen Gegebenheiten zuvor vertraut und nehmen notfalls unvermutete Fluchtwege an wie einen nur 30 Zentimeter hohen, aber zwei Meter langen, tunnelartigen Durchschlupf nach draußen. So ziemlich alles, was sie noch nicht kennen, wird neugierig von den Hasen nach der Devise beschnuppert, die Welt, also ihr jeweiliges Revier, so intensiv erkunden zu wollen, um später ein wirklich erfahrener Alter Hase zu sein.

Auf meine Frage an Köhler, ob die von ihm beobachteten Hasen denn Angsthasen seien, schüttelt er entschieden den Kopf: »Das Gegenteil davon ist der Fall. Stellen Sie sich vor, Sie müssten, bereits als Kleinkind auf sich gestellt, die Welt um Sie herum allein erkunden, um sich später darin zurechtzufinden. Dazu gehört neben einer gehörigen Portion intelligenter Neugierde vor allem Mut, denn die Hasenwelt ist gerade auch in der Stadt überaus gefährlich. Gehen Sie mal davon aus, dass ihre Schule des Lebens, ob Stadt oder Kulturlandschaft, großen Mut erfordert, um sie erst durch Erfahrung an ihre Umwelt anpassungsfähig zu machen. Alle, die diese Schule erfolgreich bestehen, macht sie sprichwörtlich zu Alten Hasen, die die Gefahren kennen und ihnen vorausschauend aus dem Weg gehen. Ich habe einmal sogar zwei erst fünf Tage alte Häschen aus einem Hauseingang gerettet, in den sie sich vor der laufenden Maschinenmahd erfolgreich geflüchtet hatten. À la bonne heure!«

Dass viele Junghasen, bis zu 90 %, ihr erstes Lebensjahr nicht überleben, widerlegt diese Aussage des Verhaltensbiologen nicht. Meist ist ihr Tod nur die Folge besonders widriger Witterungsverhältnisse und der von industrieller Agrarwirtschaft verursachten Verarmung ihres Lebensraumes. Da sich die feuchte Witterung eines nassen Jahres in der ausgeräumten Kulturlandschaft noch verstärkend auswirkt, haben allein wir Menschen es in der Hand, den Hasen durch eine Agrarkultur, die diesen Namen verdient, ein Kulturparadies zu erschaffen. Eine reich strukturierte Kulturlandschaft böte ihnen durch Feldraine und Gehölze den jederzeitigen Schutz vor feuchter Witterung. Ihnen kämen darin zugleich alle Lebensraumqualitäten zugute, die sie gegen die dann ebenfalls zahlreichen natürlichen Feinde problemlos bestehen lassen, um in ausreichender Zahl zu Alten Hasen heranzuwachsen.

Als sich bei Salten die wenigen dem Jagdkessel entkommenen Hasen erstmals wieder an einem fremden, sicheren Ort versammeln, seufzte Plana:

> *›Ein furchtbarer Tag war das.‹ Hops stimmte ihr aus vollem Herzen zu: ›Ein schrecklicher … ein unvergessbar schrecklicher Tag!‹ Fosco* [der alte Hase] *schwieg eine Weile. Dann sagte er leise und nachdenklich: ›Das Hasenleben währet sieben Jahre, wenn es hoch geht, acht Jahre. Und wenn es schön gewesen, dann ist es Erschrecken und Flucht gewesen … Seid fröhlich, weil ihr lebt, Kinder.‹*

Und manche Eltern möchten vermutlich hinzufügen: Seid stets mutig, Kinder, und lernt!

Hasendämmerung

Ist der Hase als wildlebende Spezies in unserer Landschaft gefährdet? Die Antwort überrascht: Nein! Die Evolution erlaubt ihm, sich als einst in der Steppe beheimatete Art auf den endlosen Flächen karger Lebensräume auch bei extrem niedriger Individuendichte zu erhalten. Solange die industrielle Agrarwirtschaft ihn nicht vergiftet oder maschinell zermalmt oder aber sein Lebensraum eng bebaut wird, wird er selbst bei einer sehr geringen Dichte von weniger als einem Hasen je Quadratkilometer überleben. Denn selbst dann wird er noch Sexualpartner zur Fortpflanzung finden und sich dauerhaft als überlebensfähig erweisen. Zufällig antreffen oder beobachten können wir ihn dann allerdings kaum noch. Der Osterhase wäre ›optisch‹ ausgestorben. Wir verlören mit ihm nicht nur den tierischen Kulturträger unseres österlichen Volksbrauchs, der für Hoffnung und Zuversicht, Frühjahrsfreude, Heiterkeit und Lebenslust steht, sondern ein lebendiges Element unserer Heimat. Der Hase, der wegen seiner heiteren Friedfertigkeit für uns stets Anlass zur Lebensfreude war, ist heute schon längst selten geworden.

Als wildlebende Spezies könnten wir indessen in unserer unheimlich still gewordenen Agrarsteppe gut auf ihn verzichten. Er hat für den Landbau keine ökologische Funktion, denn die Agrarwirtschaft kann auch ohne ihn industriell weiter produzieren wie bisher. Als Fleischlieferant, ein gern genutztes jagdpolitisches Alibi, lässt sich gut auf ihn verzichten, sieht man von wenigen wohlhabenden Gourmets ab, die Abwechslung auf ihrem Speiseplan genießen wollen. Unsere Geschmacksvorlieben haben sich ohnehin von der eher derben und kräftigen Art seiner Zubereitung in der bäuerlichen Küche früherer Zeiten abgewandt. Um ihn für heutige Zungen schmackhaft zuzubereiten, braucht man Erfahrung in der Wildküche, die nur noch wenige Hobbyköche mitbringen. Dass sein Beitrag zur Fleischernährung der Bevölkerung schon immer marginal war, macht der Vergleich seines Wildbretanteils Ende der 20er Jahre des 20. Jahrhunderts mit dem von heute deutlich: Bei einem reinen Wildbret-Gewicht von 3,5 kg je erlegtem Hasen betrug 1925 sein Beitrag zur Volksernährung bei 3,5 Millionen erlegten Hasen 12,5 Millionen kg Fleisch, das waren 200 Gramm je Kopf und Jahr. Heute sind es jährlich noch insgesamt 700 000 kg, also gerade noch 8 Gramm.

Wir verlieren, wenn er aus unserer Kulturlandschaft verschwindet, vor allem einen Gradmesser des nachhaltigen Umgangs mit ihr. Der Hase steht historisch wie in Zukunft für eine biologisch gesunde Agrarlandschaft und gleichzeitig für die soziale Existenzgarantie bäuerlicher Landwirtschaft. Sie ist im Begriff, ohne ihn zu verarmen oder ganz zu verschwinden, um einer kapitalintensiven Rohstoffproduktion im Dienst landferner Kapitalinvestoren das Feld zu räumen.

Sein reales Verschwinden bleibt das sichtbare Menetekel fehlender Nachhaltigkeit in unserer Landschaft. Es ist der Klimawandel, der die Agrarwirtschaft zwingt, sparsamer mit Kapital und Energie umzugehen und sich wieder der Verbesserung biologischer Bodenproduktivität zuzuwenden. Denn jede noch so

Jean-Baptiste-Siméon Chardin, Stillleben mit totem Hasen, *ca. 1760. Der Hase gehörte ab der Mitte des 18. Jahrhunderts auf den Speiseplan jeder Gutsküche. Er war eine ›Feldfrucht‹ des Landbaus und wurde zum festen Element gutsherrlichen Lifestyles.*

kleine Abweichung des Wetters vom ausgewogenen Optimum wird inzwischen zum drohenden Ernteverlust und zur Gefahr für landwirtschaftliche Existenzen. Schwankt es nur geringfügig, ist es für die heutige Landwirtschaft mit ihren ausgemergelten Böden entweder zu trocken oder zu nass. Die Kunst der Nachhaltigkeit im Landbau lag tatsächlich nie zuvor nur in der Erzeugung von Masse, sondern stets in der Vielfalt und Qualität ihrer landwirtschaftlichen Produkte. Das wichtigste Betriebsmittel der Bauern war die biologische Bodenproduktivität. Durch saisonalen Fruchtwechsel auf den Feldern schützten sie die Bodenfruchtbarkeit, und die Vielfalt des Fruchtanbaus verringerte das Risiko von Ernteausfällen. Kleine Wetterschwankungen stellten so zumeist keine Bedrohung dar. Aus dieser konservativen Bewirtschaftung entwickelte sich der familiäre, bäuerliche, genauso fruchtbare wie krisensichere Kreislaufbetrieb als historisch vorbildliche Form nachhaltiger Landnutzung in Europa.

Deswegen sollte sich eine avantgardistische Agrarpolitik, die zukunftsfähig sein will, zwangsläufig wieder vom Weltmarkt abwenden und auf eine naturräumliche Nahrungsmittelproduktion unter dem Stichwort ›regional-ökologische Qualität‹ fokussieren. Der Klimawandel lässt selbst der Agrarlobby keine andere Wahl, denn seine Folgen sind nur durch gemeinsame Anstrengungen der ganzen Volkswirtschaft sozialadäquat zu begrenzen. Wie wäre es, den Hasen zur offiziellen Marke einer ökologischen Landbauwende zu machen, so wie die Tanne zu der einer Waldwende vom Holzackerbau hin zum Dauerwald?

Um sich dem Klimawandel anzupassen, muss die Landwirtschaft die biologische Fruchtbarkeit der Böden zurückgewinnen, das heißt, sie muss den Humus der häufig bereits toten oder biologisch stark verarmten Böden gezielt wieder anreichern, um ihre Kulturen widerstandsfähig zu machen. Die konkreten Ziele einer Neuausrichtung sind agrarwissenschaftlich unstrittig: eine engere Bindung der Tierproduktion an die betriebliche Eigenproduktion von Futtermitteln, die Bindung der EU-Flächenförderung an Dauer-Blühstreifen, an Agrarumweltmaßnahmen, als auch an eine systematische Fruchtwechselfolge und vor allem an die Begrenzung der Schlaggrößen, an den Wiederaufbau dauerhafter Heckenraine und Feldgehölze sowie an die Förderung des Rückumbruchs einstigen Dauergrünlands, der Direktvermarktung und einer Erhöhung der landwirtschaftlichen Wertschöpfungstiefe durch eigenbetriebliche Weiterverarbeitung; die Streichung der Steuerbefreiung für Dieselöl und eine ordnungsrechtlich per Gesetz anzuordnende drastische Reduktion sämtlicher Agrarpestizide zugunsten einer mechanischen Begleitwuchsregulierung. Alle diese Maßnahmen sind nichts anderes als ein Förderprogramm für bäuerliche Landwirtschaft. Sie stärkten also die agrarsoziale Struktur ländlicher Räume, statt sie auszutrocknen. Nicht zuletzt förderte eine solche Umstellung eine innovative Agrarwissenschaft, die ihre Innovationskraft auf die Rückgewinnung biologischer Bodenproduktivität bei möglichst geringem Kapitaleinsatz fokussiert. Die hier beschriebene Kehrtwende kann mit den jetzt schon vorhandenen Mitteln gesteuert werden, wenn man es politisch nur will. Sie liefe für den Verbraucher und Steuerzahler finanziell auf dasselbe hinaus, denn bisher flossen die fehlgelenkten, öffentlichen Fördergelder weniger den Landwirten zu als vielmehr der Ernährungsindustrie und dem Kapitalmarkt. Die Kehrtwende würde dagegen das Einkommen aller noch verbliebenen Familienbetriebe steigern, sichern und sogar Betriebsneugründungen durch junge Bauern und Bäuerinnen ermöglichen.

Der Klimawandel könnte sich also als Befreiungsschlag für Hasen wie für die mittlerweile verschwundene Vielfalt der Fauna und Flora in unserer Kulturlandschaft erweisen. Würde unsere hoch entwickelte Agrarwissenschaft und -technik sich dieses Ziels annehmen, könnte der Boden mit biologisch wissenschaftlich begründeten Methoden und sich stetig steigernder Fruchtbarkeit bewirtschaftet werden. Eine naturpflegliche, energiesparsame Agrartechnik, eine Produktion mit geringem Kapitaleinsatz sowie ein stabiler Landarbeitsmarkt, eine gesündere und fleischärmere Ernährung und nicht zuletzt üppige Lebensräume für unsere Feldhasen wären die mittelbaren Folgen und würden unmittelbar ein hochintensives wie ertragreiches Kulturparadies erschaffen.

Um den Weg zu unterstützen, sollten wir bei jeder Gelegenheit, die sich bietet, in den Hofläden, die es inzwischen überall auf dem Land gibt, sowie an den Ständen regionaler Anbieter auf den städtischen Wochenmärkten einkaufen. Das kann indessen das politische Engagement wie die Unterstützung der richtigen Wahlkandidaten in der Wahlkabine der Wähler nicht ersetzen. Der Wandel braucht zahllose Mitstreiter in der Gesellschaft, er braucht uns alle, um Druck auf die Politik und das Angebot der Märkte zu machen.

Was den Hasen angeht, sollten die Jäger und ihre Verbände natürliche Verbündete sein. Doch leider ist es die meist strukturkonservative Einstellung und politische Parteienbindung

Ob der Kegel machende Hase als Folge einer echten Landbauwende wieder zum österlichen Anblick in der Landschaft, wie 200 Jahre zuvor gehören wird, liegt allein in unserer Hand.

der Jäger, die sie verkennen lässt, wer Opfer und wer Täter der Fehlentwicklungen in unserer Kulturlandschaft ist. Jäger sind selbst Opfer dieser beklagenswerten Agrarpolitik, die alle Landschaftsqualitäten vernichtet, von denen ihr Jagderfolg abhängt. Jagd ist nicht erst seit heute die Nutzung der wildlebenden Tierwelt, die vor allem durch die Qualität der Kulturlandschaft erzeugt wird. Das gilt schon von Beginn an, nämlich mindestens seit dem Spätmittelalter, dem Ende des Agrarausbaus und der Aufteilung unserer Feldfluren in Ackerland und Wald. Bauern und Förster entscheiden, ob die Kulturlandschaft die jagdbare Tierwelt reich gebiert und erhält. Ihrer formellen Rechtsqualität nach ist die Jagd das gesetzlich geschützte, ausschließliche Recht eines aus dem Grundeigentum (der Feld- und Waldflur) legitimierten Jagdausübungsberechtigten, die ansonsten streng geschützte, wildlebende und nutzbare Tierwelt mithilfe der Fang- oder Schießjagd ›ernten‹ zu dürfen – und nicht etwa zu müssen.

Ein gesunder Hasenbestand wie auch der des Rebhuhns, des Rehs, des Hirsches, des Fasans, des Wildschweins und vieler anderer Nutzwildarten ist abhängig von ihrem Lebensraum, also der Kulturlandschaft als Ergebnis von Land- und Forstwirtschaft. Jagd ist darum gleichberechtigt zur Land- und Waldnutzung, weshalb sie wechselseitig aufeinander Rücksicht nehmen und zusammenarbeiten sollten. Jäger dürfen erwarten, dass Land- und Forstwirtschaft den Wildlebensraum in ökologisch intakten Kulturbiotopen bewirtschaften. Umgekehrt sind sie verpflichtet, alles zu tun, um Förster und Bauern bei der erforderlichen Rückkehr zu wieder ökologischen, dem Klimawandel angepassten Betriebsweisen zu unterstützen. Gelänge diese Umkehr, wären sie selbst der Hauptgewinner dieser gewaltigen ökologischen Transformation. Von ihren berechtigten Interessen geleitet, würden sich die Jagdverbände dann in einer Reihe mit Ökolandbau-Verbänden, Naturschutzverbänden und naturgemäßen Waldbauern wiederfinden.

Ich selbst habe vor fast 40 Jahren aufgehört, Hasen zu schießen. Schon ab Anfang der 80er Jahre habe ich keine Einladung zur Hasenjagd in meiner Heimat, dem Sauerland, oder anderswo mehr angenommen, weil ich mir schäbig vorkam, an Treibjagden teilzunehmen, auf denen 35 Schützen und annähernd ebenso viele Treiber und Hunde abends 2–5 Hasen zur Strecke legten. Bis heute werden es von Jahr zu Jahr immer weniger. Ich hatte, wohlwissend dass die Jäger nicht schuld sind am Desaster des Niedergangs der Hasenbestände, das ungute Gefühl, meinen Kindern und Enkeln den Anblick des letzten Hasen in der Feldflur zu rauben, und wollte und will mich nicht daran beteiligen.

Was die Bejagung von Hasen angeht, ist darum konsequente Zurückhaltung das Gebot der Stunde für jeden verantwortlich handelnden Jäger. Dass die Jagd auf Hasen auch in Zukunft rechtlich legitimiert ist, ersetzt nicht die ethische Auseinandersetzung jedes einzelnen Jägers um die Frage, ob er sie auch tatsächlich ausüben soll. Kesseljagden sollten heute unterbleiben, solange weniger als 15–20 Hasen je km² gezählt werden, sollten also auf absehbar lange Zeit nicht mehr stattfinden. Erst wenn es mehr Hasen gibt, kann maximal alle drei Jahre eine Kesseljagd jagdethisch verantwortet werden, damit sich die Hasenpopulation in der Zwischenzeit sozial wieder stabilisieren kann. Alle anderen Formen und Techniken der Hasenjagd soll-

Félix Bracquemond, nach Albert de Balleroy, Der Hase, *1865. Machen wir den Hasen wieder zur Marke einer bäuerlichen Kulturlandschaft und lebenden Glücksbringer.*

ten ganz unterbleiben und äußerstenfalls durch sporadischen Einzelabschuss mit dem Kleinkaliber vom Ansitz aus ersetzt werden. Das gilt, solange unsere Kulturlandschaft den naturarmen Zustand aufweist, den sie heute überall zeigt. Doch der Jäger kann mehr tun, als sich nur zurückzuhalten.

In der Jagdpresse werden immer wieder Beispiele erfolgreicher jägerischer Biotoppflege vorgestellt. Sie zeigen, dass sich die Hasenbestände in Europa punktuell rasch erholen, wenn Jäger sich intensiv um Biotopverbesserungen bemühen. Das setzt in finanzieller Hinsicht ein sehr großes Engagement der Revierinhaber voraus, die dazu weder Mühe noch Arbeit scheuen dürfen, ihre Hasenbestände durch kontinuierliche Biotoppflege-Arbeit zu verbessern. Das ist leider nichts für den Durchschnittsjäger. Zudem treibt ihn die Sorge, sein gepflegtes Niederwildrevier schon bald im Meistgebotsverfahren an einen kapitalkräftigeren Bieter zu verlieren, denn gepflegte Niederwildreviere sind am Pachtmarkt sehr gefragt. Die Hasenjagd der Zukunft ist also weder ein gesetzliches Jagdverbot auf Hasen noch wäre die Bekämpfung des vermeintlich die Hasenbestände bedrohenden Raubwildes eine Lösung. Die Lobby- und Verbandsmacht der Jäger, die sich auf die wahren Ursachen des Rückgangs der Hasenpopulation konzentrieren sollte, muss sich für eine avantgardistische Agrarwirtschaft der Zukunft einsetzen – und wir Jäger müssen das von unseren Funktionären fordern. Dazu müssen wir uns sogar von der Mehrheit der Konsumgesellschaft emanzipieren, die sich bislang wenig Gedanken darüber macht, dass es Wildtieren in unserer verarmten Kulturlandschaft ähnlich schlecht ergeht wie den gequälten Tieren in der industriellen Fleischproduktion. Sie leben zwar in Freiheit, aber in einer agrarindustriellen, wildtierfeindlichen Umwelt, die ihnen nicht im Geringsten zusagt.

Dieses Resümee meines Hasen-Porträts mag aus Sicht des Tier- wie des Naturschutzes auf den ersten Blick nicht befriedigen. Es ist aber das Fazit einer lebenslangen Auseinandersetzung eines einst engagierten Jägers, der sich angewidert vom Zustand unserer toten Kulturlandschaft vom Jäger zum Tier- und Naturschützer entwickelt hat. Der Gedanke an die in der Tierproduktion oder in der freien Natur gequälte Kreatur macht es mir heute unmöglich, noch zur Jagd gehen zu können, dennoch erkenne ich das Engagement vieler Jäger und Jägerinnen für die Natur an, das sowohl durch das Beutemachen wie auch durch das jagdliche Naturerlebnis gesteuert wird, also ethisch begründet sein kann. Der Schutz der Natur braucht Mitkämpfer und Mitkämpferinnen und die können neben den Naturschützern auch besonnene und jagdethisch handelnde Jäger und Jägerinnen sein. Dieses Schlussplädoyer will daher die Jagd nicht schönreden, sondern schließt sie aus Sorge darüber ein, wer die Natur in einer naturfernen Gesellschaft dereinst schützen kann, sich dafür interessiert, sie verstehen und mit ihr nutzend umzugehen lernt. Jagd kann deswegen tatsächlich Naturschutz sein, was sie aber überwiegend heute noch nicht ist. Das ist der verschwiegene Grund dafür, dass nahezu sämtliche großen Namen des Nachkriegsnaturschutzes in ihrer Jugend einst als Jäger begannen, sich mit der Natur zu beschäftigen, und sich später aber davon distanzierten.

Unser gemeinsames Ziel sollte darum sein, aus unserer ländlichen Umwelt, der Kulturlandschaft, wieder eine reich gebärende Natur zu machen und das Interesse derjenigen zu stärken, die sie nutzen, so wie die Jäger, oder – wie unsere Land- und Forstwirte – sogar von ihr leben. Unterstützen wir sie dabei, wieder ein echtes, neues Kulturparadies zu erschaffen!

Uns allen vermittelt Christian Morgenstern, ein verkannter Hasen-Lyriker deutscher Sprache, den seelischen Gewinn, den meine Nachkriegsgeneration beim Anblick eines Hasen noch täglich erleben durfte und nachfolgende Generationen dereinst wieder genießen sollten. Es ist nicht zufällig der Hase, der den freud- und friedvollen, lebenszugewandten wie satirisch-ironischen Humor Morgensterns repräsentiert wie im nachfolgenden Gedicht *Die Sonne geht im Osten auf.*

Er wünscht uns damit ein fröhliches Osterfest und die Lebenslust des Frühlings.

Die Sonne geht im Osten auf,
der Osterhas' beginnt den Lauf.
Um seinen Korb voll Eier sitzen
drei Häslein, die die Ohren spitzen.
Der Osterhas' bringt just ein Ei –
da fliegt ein Schmetterling herbei.
Dahinter strahlt das blaue Meer
mit Sandstrand vorne und umher.
Der Osterhas' ist eben fertig –
das Kurtchen auch schon gegenwärtig!
Nesthäkchen findet eins, zwei, drei,
ein rot, ein blau, ein lila Ei.
Ein Ei in jedem Blumenkelche!
Seht, seht, selbst hier, selbst dort sind welche!
Ermüdet leicht im Morgenschein
schlief Kurtchen auf der Wiese ein.
Die Glocken läuten bim, bam, baum,
und Kurtchen lächelt zart im Traum.

Di di didl dum dei,
wir tanzen mit unsern Hasen
umgefasst, zwei und zwei,
auf schönem grünem Rasen.

Feldhase

Lepus europaeus

European hare
Lièvre d'europe

Der ausgewachsene, rund 6 Kilogramm schwere Feldhase ist das Vorbild unseres Osterhasen. Er steht wie kaum ein anderes Tier in unserer Kulturlandschaft für Vielfalt, Nachhaltigkeit, Freude, Fruchtbarkeit sowie für Neugierde und Lebenslust. Sein natürliches Areal umfasst heute annähernd den gesamten europäischen Kontinent, den er bis auf die Inseln von seiner südöstlichen, euroasiatischen Steppenheimat aus erst im Zuge der landwirtschaftlichen Kulturentwicklung besiedelte. Er ist ein typisches Beutetier und deswegen von der Natur mit einem Körperbau ausgestattet, der es ihm erlaubt, jedem Landraubtier davonzulaufen. Auch ist er mit einer für große Säugetiere beachtlichen Reproduktionsrate ausgestattet. In drei bis vier Würfen jährlich beträgt sie bezogen auf den Frühjahrsbesatz an Häsinnen bis zu 12 sogenannte Laufjunge pro Jahr. Denn die Neugeborenen sind Nestflüchter, die sich frühzeitig selbst um fettreiche Kräuternahrung kümmern müssen. Seine inzwischen trotzdem extrem abnehmende Dichte, die ihn allerdings kaum als Art gefährdet, ist zum Menetekel der allseits beklagten Industrialisierung unserer Kulturlandschaft geworden, die schon seit Langem nicht mehr auf die Produktionskraft natürlicher Bodenfruchtbarkeit setzt, sondern auf die Kapital- und Energierendite landferner Kapitalinvestoren. Ging es einst dem Hasen gut, ging es auch dem selbstständigen Bauern gut. Der Hase wurde so zum stummen Zeugen des Aufs und Abs der Agrarhistorie im Kampf der Bauern um Nachhaltigkeit und Freiheit.

60 cm

Sardischer Hase

Lepus capensis mediterraneus

Sardinian hare
Lièvre sarde

Wie sein Name verrät, ist seine natürliche Heimat heute die Insel Sardinien, wo er vermutlich einst überall vorkam. Er stammt trotz seiner nahen evolutiven Verwandtschaft zum Feldhasen vermutlich aus Nordafrika, verdankt also seine Existenz dem Menschen, der ihn nach der letzten Eiszeit nach Sardinien brachte und vermutlich unbeabsichtigt dort auswilderte. Er wird nur weniger als halb so schwer wie sein europäischer Verwandter, der Feldhase, und ist darum auch deutlich weniger als reguläre Jagdbeute für den Jäger als für die Wilderei interessant. Sieht man davon ab, dass er als Bewohner einer warmen Mittelmeerinsel ganzjährig vermehrungsfähig ist, gleicht seine Lebensweise weitgehend der unserer Feldhasen; er hat einen schwärzlich wirkenden Kopf und seine Bauchseite ist eher strohfarben als weiß. Relativ eindeutiges Kennzeichen ist ein auffällig ockerfarbener Fleck im Nacken. Seine Wolle ist dunkler gefärbt als beim Feldhasen, der auf Sardinien erst seit historisch jüngerer Zeit durch gezielte Auswilderung zu Jagdzwecken vorkommt.

50 cm

Apenninhase
Lepus corsicanus

Apennine Hare
Lapin des Apennins

Der Apenninhase heißt auch Korsischer Hase, denn er wurde im 15. Jahrhundert erstmalig als korsische Art zoologisch beschrieben. Sein heutiges Vorkommen konzentriert sich indessen auf Sizilien, wo er noch immer flächendeckend, aber verinselt vorkommt – sieht man von einzelnen, kleinräumigen Auswilderungen auf dem italienischen Festland zu jagdlichen Zwecken ab. Seine im Haarkleid sehr große Ähnlichkeit mit unserem Feldhasen hat sogar über lange Zeit zoologische Zweifel genährt, ob es sich überhaupt um eine eigene Spezies handelt. Doch diese Frage ist zwischenzeitlich geklärt. Er ist ein nicht besonders naher Verwandter unserer Feldhasen, an die er schon von seinem Körpergewicht her nicht im Geringsten heranreicht. Er wiegt im Durchschnitt nur 800 Gramm, ist also maximal etwa ein Sechstel so schwer wie sie. Ganz offenbar hat das ganzjährig warme Klima seiner natürlichen Lebensumwelt dazu geführt, dass er dort kein größeres Körpergewicht braucht, um im milden, warmen Winter zu überleben. Tatsächlich steht der zutreffender als ›sizilianisch‹ zu bezeichnende Hase mit zwei anderen europäischen Hasen, dem Schneehasen und dem andalusischen Hasen, in einer eigenen, näher verwandten Entwicklungslinie. Auf Sizilien ist er der einzige vorkommende Hase und besiedelt nahezu sämtliche natürlichen wie kultürlichen Biotope.

50 cm

Andalusischer Hase
Lepus granatensis

Andalusian hare
Lièvre andalou

Sprechen wir gemeinsprachlich vom spanischen Hasen, meinen wir den andalusischen, der auf der gesamten iberischen Halbinsel und auf Mallorca vorkommt. Er ist aber nicht der einzige spanische Vertreter der Leporidae oder Echten Hasen. Neben ihm kommen noch der europäische Feldhase, nämlich im Norden längs der Atlantikküste, und der Ginsterhase in einem räumlich kleinen Restvorkommen im Norden, dem Kantabrischen Scheidegebirge, vor. Von beiden ist er leicht zu unterscheiden, da er – wenn auch deutlich kleiner als der Feldhase – einen etwas größeren Schwanz besitzt und seine weißen Fellpartien an der Unterseite und den Beininnen- und -außenseiten zum Graubraun des Fells der Oberseite deutlich kontrastieren. Er wirkt dadurch zweifarbig und weißlich gestiefelt. Sein außergewöhnlich breites Vorkommen auf der gesamten iberischen Halbinsel zeigt seine klimatische wie kulturelle Anpassungsfähigkeit, ob feucht oder trocken, ob steppenartig oder intensiv bewirtschaftet, ob Flachland oder Gebirge. Offenbar bevorzugt er intensive landwirtschaftliche Kulturen, wo er eine Populationsdichte von bis zu 80 Individuen je km^2 erreichen kann. Dabei kommt ihm seine ganzjährige Vermehrungszeit im warmen, trockenen Klima zu Hilfe. Er ist nicht bedroht, und seine im kontinentalen und nördlichen Vorkommen abnehmende Populationsdichte scheint er durch eine Zunahme im Süden der Halbinsel auszugleichen.

50 cm

Ginsterhase

Lepus castroviejoi

Broom Hare
Lapin de genêt

Der spanische Ginsterhase ist der europäische Hase mit dem von Natur aus kleinsten natürlichen Areal. Seine Heimat ist ein nur etwa 30 km schmaler Streifen mit rund 230 km Ost-West-Ausdehnung des Kantabrischen Scheidegebirges im Norden Spaniens zwischen der Sierra de Ancares im Westen bis zur Sierra de Pena Labra im Osten. Sein Vorkommen ist dort beschränkt auf Hochlagen mit atlantischem Klima, meistens naturnahe Heidelandschaften mit hohen Niederschlägen von 1000 bis 2000 mm jährlich. In diesem Gebiet kommt er zusammen mit den beiden anderen spanischen Hasen vor. Er ist deutlich größer als der andalusische und nur unmerklich kleiner als der Feldhase, von dem er nur mit viel Übung äußerlich zu unterscheiden ist. Seine Population ist indessen im Gegensatz zur kontinuierlichen Abnahme des andalusischen und europäischen Hasen im gesamten Norden der iberischen Halbinsel in seinem kleinen natürlichen Areal stabil. Als sehr standorttreuer Hase mit kleinem Revier bevorzugt er kleinere offene Flächen mit nahem Fluchtgehölz. Als endemische Art mit einem sehr kleinen Areal wird er auf der Roten Liste Spaniens geführt, obwohl sein bis heute erhaltener, natürlicher Lebensraum kaum bedroht ist und er dort gut auch mit den hohen Niederschlägen zurechtkommt.

50 cm

Schneehase
Lepus timidus

Snow Hare
Lapin des neiges

Der Schneehase ist mit drei bis vier Kilogramm Körpergewicht kleiner als unser Feldhase, jedoch mit längeren Hinter- und noch kürzeren Vorderbeinen. Sein Sommerfell ist weicher und sieht grauer aus als das des Feldhasen. Es tendiert passend zum Kolorit seines Habitats von rötlich-braun in niedrigen Lagen nach grau-braun in höheren und arktischen Lagen. Seine Fellfarbe wechselt im Winter zum Schneeweiß, was ihn unbewegt für seine Feinde im Schnee nahezu unsichtbar macht. Seine Sohlen sind behaart und er kann die Zehen spreizen, um nicht in den Schnee einzusinken. Obwohl Kreuzungen vorkommen sollen, unterscheidet er sich genetisch deutlich vom Feldhasen. Genetisch an seine weiße Schneeheimat angepasst, die ihm seinen Namen verleiht, ist er in schneefreier Zukunft allerdings umso mehr gefährdet. Sein periodischer Haarwechsel vom Braun zum Weiß und wieder zurück zum Braun spiegelt die jahreszeitlichen Temperaturschwankungen im Herbst und Frühjahr. Dem typisch raschen Wintereinbruch kalter Klimate entspricht ein rascher herbstlicher Farbwechsel, während kalte Frühjahrstemperaturen den Wechsel zur Sommerfärbung entsprechend verzögern. Wegen seiner in Europa verinselten Vorkommen werden sechs Unterarten unterschieden, darunter die Reliktpopulation der Alpen, zu der das sehr kleine Restvorkommen in den deutschen Alpen zu zählen ist. Was seine Ernährung angeht, ist er entsprechend seiner natürlichen Kalthabitate genügsamer als der Feldhase, der ihn klimabedingt in immer höhere Lagen der Alpen verdrängt.

50 cm

Europäisches Wildkaninchen
Oryctolagus cuniculus

Wild rabbit
Lapin de garenne

Das in der Regel nur ca. 2,2 Kilogramm schwere Europäische Wildkaninchen hat kürzere Ohren als der Feldhase und ist meistens gleichmäßig grau gefärbt mit Weißtönung an Bauch, Kehle und Innenseiten der Läufe. Die in den Vor- und Zwischeneiszeiten einst europaweite, natürliche Verbreitung wurde durch die letzte Vereisung auf den iberischen und südfranzösischen Raum reduziert, von wo aus es sich wohl durch menschliche Freisetzungen wieder über nahezu ganz Europa ausbreitete. Schon in römischer Zeit wurde das Wildkaninchen als Lieferant von Fleisch und Fellen als Gehegetier gehalten und vermutlich so auch nach Deutschland verbracht. Der erste urkundlich historische Beleg über wildlebende Kaninchen stammt indessen deutlich später von der Insel Amrum. Wenn sie sich inzwischen über die Welt durch den Menschen verbreitet haben, ist das ihrer genügsamen Ernährungsweise geschuldet. Vom weit entfernt verwandten Feldhasen unterscheiden sie sich durch ihre Lebensweise. Sie brauchen lockere Böden, damit sie ihre Nesthöhlen darin graben können, weil sie nicht wie Hasen Laufjunge, sondern blinde und nackte Nestjunge setzen, die intensiver Nesthege durch das Muttertier bedürfen. Das führt im Vergleich zum Hasen zu einem grundsätzlich deutlich unterschiedlichen Verhalten aufgrund der ausgeprägten postnatalen Prägephase. Wildkaninchen bilden eine eigene Gattung neben den Echten Hasen, mit denen sie zwar entfernt verwandt sind, sich aber nicht kreuzen lassen.

40 cm

Hauskaninchen

Oryctolagus cuniculus forma domestica

Domestic rabbit
Lapin domestique

Hauskaninchen stammen durch Züchtung vom Wildkaninchen ab und lassen sich darum grob in zwei kulturelle Gruppen unterteilen: in Nutztiere und Schoßtiere. Die Züchtungs-Variationen sind weltweit beliebt und lassen sich kaum beziffern. Stehen bei den Nutzkaninchen das Fell, die Angorawolle und das Fleisch im Fokus der Züchtungen, sind es bei den Schoßkaninchen vorwiegend optische Eigenschaften wie Farb- und Haarvariationen, ihre handliche Größe, Possierlichkeit sowie Zutraulichkeit. Wie Wildkaninchen sind sie häufig Opfer der tödlichen Myxomatose-Seuche, die sie je nach Empfindlichkeit ihrer jeweiligen Rasse befallen kann. Die kleinsten Rassen der Welt sind die sogenannten Farbenzwerge, die mitunter nur weniger als ein Kilogramm wiegen und eine umso größere optische Vielfalt aufweisen. Sie haben kurze Ohren und etwas breitere Backen, gelten als edel und überraschen mit einer Farbenvielfalt, der keine Grenze gesetzt zu sein scheint. Sie bilden das andere Extrem im Vergleich zu den Riesenkaninchen, die bis zu 8 Kilogramm schwer werden können und sich ebenfalls weltweiter Beliebtheit erfreuen. Der Deutsche Riese, die größte Rasse von allen, hat einen besonders gutmütigen Charakter. Sie sind bis zu 80 cm lang, mit 18 cm langen V-förmig aufgestellten Ohren, bulligem Kopf und 4 cm langem Deckhaar. Ihre Farbvariationen changieren in allen Grautönen bis zum Weiß, wildfarben oder gescheckt. Sie sind wegen ihrer Größe und ihrer Bewegungsfreude kaum im Haus zu halten und benötigen große Mengen frisches Grünfutter.

60 cm

Literatur-verzeichnis

Anonymus: ***Ein Frohes Osterfest – Unterhaltsame Hasengeschichten***, Leipzig o. J.

W. Bieger: ***Die deutsche Jagdwirtschaft – Entwicklung, Umfang und volkswirtschaftliche Bedeutung***, Neudamm 1928.

J. Berger: ***Dürer***, Köln 1993.

A. W. Boback: »Der Feldhase (Lepus europaeus PALLAS)«; in Stubbe, H.: *Buch der Hege – Haarwild,* Berlin 1973.

A. E. Brehm: ***Illustrirtes Thierleben – Eine allgemeine Kunde des Thierreichs***; 2. Band, Hildburghausen 1865.

Chr. Brunners, D. Stellmacher, J. Grote: ***Von »Reynke de Vos« bis zum »Butt« – Tiere in der deutschen Literatur***, Rostock 2016.

C. Clewing: ***Musik und Jägerei – Lieder, Reime und Geschichten vom edlen Waidwerk***, Neudamm und Kassel-Wilhelmshöhe 1937.

K. Ebeling: ***Försterherz, was willst Du mehr: Stationen eines Traumberufes***; Books on Demand 2016.

F.-W. Henning: ***Landwirtschaft und ländliche Gesellschaft in Deutschland***; 2. Band 1750-1986, 2. Aufl., Paderborn 1988.

F. Koch-Gotha: ***Die Häschenschule – Ein lustiges Bilderbuch mit Versen von Albert Sixtus***, Nachdruck, Hamburg o. J.

F. Krapp (Hg.): ***Handbuch der Säugetiere Europas – Band 3/II Hasentiere Lagomorpha***, Wiebelsheim 2003.

Kulturreferat der Stadt Nürnberg (Hg.): ***Der Hase wird 500 (1502–2002)***, Nürnberg 2002.

H. Löns: ***Mümmelmann***, Hannover 1911.

D. Müller-Using: ***Diezels Niederjagd***, Hamburg und Berlin 1954.

F. Salten: ***Bambi, Perri und die 15 Hasen***, Augsburg 1990.

N. Sachser: ***Der Mensch im Tier – Warum Tiere uns im Denken und Verhalten oft so ähnlich sind***, 2. Aufl., Reinbek bei Hamburg 2018.

E. Schneider: ***Der Feldhase – Biologie, Verhalten, Hege und Jagd***, München 1978.

W. Schröder: ***Der Wettlauf zwischen dem Hasen und dem Igel auf der Buxtehuder Heide (mit Bildern von Gustav Süs)***; Neudruck von G. Wandrey (Hg.), Reinbek bei Hamburg 1972.

J. Schulte: ***Hase und Kaninchen konkret***, Hannover 2002.

Sothebey's (Hg.): ***A Highly Important Painting by Hans Hoffmann from the Collection of The Emperor Rudolf II (1552 - 1612) in Prague***, London 1990.

J. Stückrath: ***Wie den Deutschen ein Meisterwerk unterhaltsamer Erzählkunst abhanden gekommen ist – Das Schicksal von Wilhelm Schröders »dat Wettlopen twischen den Hasen un den Swinegel up de lütje Heide bi Buxtehude***«, München 2006.

D. Weber: ***Feldhasen fördern funktioniert! Schlussfolgerungen aus dem Projekt HOPPHASE in der Nordschweiz***, Bern 2017.

I. Weber-Kellermann: ***Landleben im 19. Jahrhundert***, München 1988.

U. Wendt: ***Kultur und Jagd – Ein Birschgang durch die Geschichte***, Band 2, Berlin 1908.

Abbildungsverzeichnis

Seite 78 *Laufender Hase, Mere Down* [Mere Down ist ein Eigenname, ein Waldgebiet] © James Lynch, Egg tempera, 74 × 122 cm, www.james-lynch.co.uk.

Seite 82 *Der November.* Joachim von Sandrart, 1643.

Seite 89 *Mein erster Hase,* Guido Hammer, 1860.

Seite 92 *Kesseltreiben auf Hasen bei einer Hofjagd in der Nähe von Berlin,* E. Hosang, 1850.

Seite 95 Postkarte aus Privatbesitz des Autors.

Seite 98 *Vivisection!* Arthur Johnson, aus: *Kladderadatsch* Nr. 36, Berlin 1933.

Seite 101 *Het Wettloopen tüschen den Haasen und den Swinegel up de Buxtehuder Heid*, Gustav Süs, Hamburg 1855.

Seite 108 *Hase.* Hans Hoffmann, 1528.

Seite 115 *Hase und Hund.* Aus: *Hausfrauenjournal,* um 1871.

Seite 116 *Jagende Hunde mit einem toten Hasen.* Gustave Courbet, 1857.

Seite 119 *Hasen in Wassersnoth.* Carl Friederich Deiker, aus: *Die Gartenlaube*, 1886.

Seite 129 *Stillleben mit totem Hasen.* Jean-Baptiste-Siméon Chardin, ca. 1760.

Seite 133 *Hase.* Aus: *Die wilden Tiere der Erde,* Frank Finn, Tafel von Winifried Austin, London 1909.

Seite 136 *Der Hase.* Félix Braquemond, 1865.

Seiten 141–155 Illustrationen von Falk Nordmann, Berlin 2023.

Wilhelm Bode, Jurist und Diplomforstwirt, leitete die saarländische Forst- und Naturschutzverwaltung. Auf seine Initiative 2004 hin wurden fünf Buchenwaldcluster von der UNESCO als deutscher Beitrag zum Weltnaturerbe Europäische Buchenwälder ausgewiesen. Von ihm sind bei Matthes & Seitz Berlin das Jubiläumsbuch zu Alfred Möllers Dauerwaldidee und die Portraits zu den *Hirschen* und den *Tannen* erschienen.

NATURKUNDEN № 89
Erste Auflage Berlin 2023

NATURKUNDEN
herausgegeben von Judith Schalansky
erscheinen bei Matthes & Seitz Berlin
ermöglicht durch Jan Szlovak, Hamburg

Großbeerenstr. 57a, 10965 Berlin
info@matthes-seitz-berlin.de
info@naturkunden.de

EINBAND UND TYPOGRAFIE Pauline Altmann, Palingen
nach einem Entwurf von Judith Schalansky
TITELILLUSTRATION Pauline Altmann, Palingen
SCHRIFT Ingeborg von Michael Hochleitner/Typejockeys
LITHOGRAFIE Tomas Mrazauskas, Berlin
HERSTELLUNG Hermann Zanier, Berlin
PAPIER 100 g/m² Fly 04 hochweiß, 1,2-faches Volumen
EINBANDMATERIAL Napura® Khepera von
Winter & Company GmbH, Lörrach
DRUCK UND BINDUNG Pustet, Regensburg

ISBN 978-3-7518-0224-6

www.naturkunden.de
www.matthes-seitz-berlin.de